Klaus Faißner

# WIRBELSTURM
# und
# FLÄCHENBRAND

Klaus Faißner

# WIRBELSTURM und FLÄCHENBRAND

## Das Ende der Gentechnik

„Obwohl ein Drittel eines Jahrhunderts und mehr als
350 Milliarden Dollar in den Plunder investiert
wurden, bleibt ein Wirbelsturm präziser vorhersehbar
und ein Flächenbrand besser kontrollierbar
als gentechnisch veränderte Organismen."

*Ignacio Chapela, Universität Berkeley, März 2007*

Aber: Wenn viele mithelfen, ist ein Ende der
Gentechnik möglich. Allein von 2008 auf 2009
sanken z. B. die Gentechnik-Anbauflächen in
Europa um 20 Prozent.

Für Bella

Vielen herzlichen Dank allen, die mir bei diesem Buch geholfen haben: Rita, meiner Liebe, meinen Eltern, insbesondere meiner Mutter, Werner, Volker und Mike. Danke auch an die vielen Freunde, die mir die Dramatik der Gentechnik vor Augen geführt haben und/oder die vorbildliche Streiter für eine bessere Welt sind: Richard, Daniel sowie alle weiteren Aktivisten in Österreich (vor allem meine ehemaligen Mitstreiter bei der unabhängigen Bürgerinitiative „Rettet Österreich"), Deutschland, der Schweiz, in ganz Europa und auf der ganzen Welt. Ich ziehe den Hut vor all jenen, die trotz großer Schwierigkeiten die Wahrheit weiter hinausposaunt haben wie Gottfried Glöckner, Percy Schmeiser, Arpad Pusztai und Susan Bardocz, José Bové, Ignacio Chapela oder Vandana Shiva.
Eines Tages werden die Menschen erkennen, was Ihr geleistet habt.

1. Auflage

Titelbild: Kurt Kracher, 2301 Groß-Enzersdorf
Grafik und Satz: Albatros Media GmbH, 1050 Wien
Lektorat: Yvonne Gokesch
Druck und Bindung: AgensKetterl, 3001 Mauerbach
Gedruckt in Österreich
ISBN: 978-3-200-01749-8
Anfragen: info@gentechnikverbot.at

# INHALTSVERZEICHNIS

# VORWORT

Wenn sich die Gentechnik wie Wirbelsturm und Flächenbrand verhält, warum soll dann ihr Ende nahen? Eben deshalb. Die überwiegende Mehrheit der Menschen ist schon jetzt gegen die Gentechnik in Landwirtschaft und Lebensmitteln und wenn ihre Folgen allgemein bekannt wären, wären es wohl fast alle. Gentechnik ist nur dann ein unabwendbares Faktum, wenn wir im guten Glauben an Politik, Medien und Wissenschaft weiterhin unsere Hände in den Schoß legen. Noch nie war es so wichtig wie jetzt zu handeln, denn wir stehen am Scheideweg. Durch unser Tun oder Nichttun legen wir in allernächster Zeit die Weichen für eine menschengerechte oder eine konzerngerechte Ernährungszukunft, welche dann voller Gefahren stecken würde. Das Faszinierende dabei ist, dass jeder Einzelne dazu beiträgt, ob er will oder nicht: allen voran der Konsument mit seiner Kaufentscheidung und der Bauer mit seiner Wahl des Saatgutes sowie der Futtermittel; in weiterer Folge der Saatguthersteller und der Futtermittelproduzent, der Importeur, der Lebensmittelverarbeiter und Lebensmittelhersteller, der Handel; und dann natürlich die Verantwortlichen in Politik, Wissenschaft sowie Massenmedien.

Die vergangenen Jahre haben gelehrt, dass nur der „Druck von unten" wirklich etwas bewirkt – je mehr die Bevölkerung weiß, je souveräner der Staat und je echter die Demokratie, umso besser. Die Schweiz, die durch eine Volksabstimmung die Gentechnik verbannt hat, ist das beste Beispiel dafür.

Fast alle Länder in Europa, Afrika, Asien und Ozeanien haben noch die Chance, sich für eine menschengerechte Zukunft mit gesunden, sicheren Lebensmitteln zu entscheiden. Dafür gibt es hunderte von Gründen, von denen einige in diesem Buch dargelegt sind. Gegen eine gentechnikfreie Zukunft sprechen nur zwei Dinge: Macht- und Geldgelüste sehr mächtiger Kreise. Sagen wir der Gentechnik „ade“, setzen wir uns für ein Verbot ein. Es wird nicht leicht sein. Aber unsere Kinder werden es uns danken.

# EINLEITUNG

Ein Top-Wissenschafter verliert alles, als er nach alarmierenden Testergebnissen an die Öffentlichkeit geht. Mehreren seiner Kollegen geht es ähnlich. Das wahrscheinlich angesehenste Wissenschaftsmagazin der Welt geht vor dem Druck der Lobbyisten in die Knie, angekündigte kritische Fernsehdokumentationen dürfen nicht ausgestrahlt werden. Ein Bauer aus Hessen erlebt einen Albtraum, nachdem er zuvor schon seine ganze Rinderherde nach der Verfütterung von Genmais verloren hatte. Sogar Tote infolge des Konsums genmanipulierter Produkte sind zu beklagen. Die Gentechnik baut auf einer falschen Theorie auf. Die Annahmen über die Funktionsweise des Genoms – also der Gesamtheit der Gene – waren „dermaßen naiv, dass es fast schon peinlich ist", gibt sogar der bekannte Genomforscher Craig Venter zu. Mit einem wahllosen Vermischen der Erbinformationen von Pflanze, Tier und Mensch schafft die Gentechnik Mischwesen, wie sie in der Natur nie vorkommen könnten. Sie ist daher keine Weiterentwicklung der natürlichen Züchtung, wie Wissenschaft und Industrie immer behaupten, sondern ein „Gott spielen", das weder exakt und schon gar nicht „sicher" ist – denn genmanipulierte Produkte sind alles andere als gut getestet, obwohl wir sie über die Nahrung täglich zu uns nehmen sollen. Ebenso haben sich die Voraussagen höherer Erträge und eines niedrigeren Pestizidverbrauches durch den Anbau von Gensaaten vielfach als Lügen erwiesen.

Eine Versprechung und eine Voraussage nach der anderen löst sich in Luft auf. So auch jene, dass ein Nebeneinander von Gentechnik- und traditioneller Landwirtschaft möglich wäre. Diese viel gepriesene Koexistenz kann es nicht geben, denn genmanipulierte Pflanzen verbreiten sich unweigerlich durch Pollenflug, Tiere oder menschliche Aktivitäten. „Koexistenz" kostet vielmehr gentechnikfrei wirtschaftenden Bauern ihre Existenz. Vor allem ist die gesamte biologische Landwirtschaft durch sol-

che Regelungen und durch Zulassung einer Gentechnik-Verschmutzung gefährdet. Ebenso sollen so genannte „Biotreibstoffe“ erst dazu dienen, die Gentechnik über die Hintertür auf die Felder zu bringen. Der Treibstoff der Gentechnikindustrie sind Patente auf Leben. Sie sind nicht nur „ein Verbrechen“, wie es der Vater der Genforschung Erwin Chargaff formulierte, sondern sind erst die Voraussetzung für die „Kontrolle der weltweiten Nahrungsversorgung“, wie sie beispielsweise Monsanto anstrebt. Eines der wichtigsten Argumente der Gentechnikindustrie ist die Bekämpfung des Welthungers. Doch gerade diese Laborpflanzen sind dazu nicht geeignet, wie sogar der Chef des Gentechnikkonzerns Syngenta zugibt. Ganz im Gegenteil: Die Erzeugung widernatürlicher Pflanzen im Weltmaßstab kann noch zusätzlich der Auslöser für Hungersnöte sein, wie Beispiele in Südafrika oder Argentinien nahe legen. Und schließlich begeben sich Bauern in eine nie dagewesene Abhängigkeit. Nur sind die Feudalherren diesmal Weltkonzerne.
Es ist ein realer Krimi, der sich gerade jetzt noch einmal zuspitzt: Immer mehr Menschen stellen sich weltweit dem „Verbrechen Gentechnik“ entschlossen entgegen – sei es in Form von Volksabstimmungen, durch Zerstörung von Gentechnik-Feldern, um die Verbreitung der „trojanischen Saaten“ zu verhindern oder durch aktive Zivilcourage von Bauern, wie in Bayern der Fall. Und zu guter Letzt machen neue Züchtungsmethoden die Gentechnik überflüssig: Sie sind schneller, wesentlich billiger, sind von der Bevölkerung akzeptiert und schaffen keine widernatürlichen Mischwesen wie die Gentechnik. Die Rettung der Nationalstaaten wäre eng verbunden mit der Rettung vor dem Raubtierkapitalismus, wie der Schweizer Kämpfer gegen den Welthunger Jean Ziegler feststellt. Und gerade die Gentechnik-Konzerne sind eine Ausgeburt des um sich greifenden Raubtierkapitalismus. Ein Ende der Gentechnik wäre somit auch ein Neustart der Demokratie.

# 1. GESUNDHEIT IN GEFAHR

Wissenschafter behaupten, die Gentechnik sei sicher. Doch sie arbeiten zu 95 Prozent für die Industrie, wie Terje Traavik, einer der wenigen unabhängigen Forscher erklärt. Inzwischen haben sich alle Paradeprodukte der Gentechnikindustrie im Tierversuch als höchst problematisch erwiesen. Eine rätselhafte, noch nie dagewesene Krankheit wird mit der Gentechnik in Zusammenhang gebracht. Sogar Dutzende Tote klagen an. Obwohl die Gentechnik-Lobby mit Hilfe der Politik zig Mal versuchte, kritische Wissenschafter und Journalisten zum Schweigen zu bringen, regt sich auch im „Gentechnik-Mutterland" Protest: Umweltmediziner aus den USA fordern ein – zumindest befristetes – Gentechnikverbot.

Mit stoischer Ruhe sitzt er vor den Zuhörern. Seine Aussagen sind präzise, ohne jede Umschweife: „Die Menschheit kann sich die Risiken der Gentechnik nicht leisten", erklärt der britisch-ungarische Wissenschafter Arpad Pusztai im Jahr 2008. Zehn Jahre ist es her, als sich sein Leben schlagartig änderte. Doch der Reihe nach: Ähnlich wie die meisten seiner Kollegen aus der „wissenschaftlichen Gemeinschaft" war auch Pusztai überzeugter Befürworter der Gentechnik. Er war auf seinem Gebiet ein Mann von Weltruf: 300 wissenschaftliche Arbeiten und zwölf Bücher trugen seinen Namen. Mitte der 1990er-Jahre hatte ihn das schottische Landwirtschaftsministerium beauftragt, um 1,6 Mio. Pfund Messmethoden für Sicherheitstests von Gentechnik-Nahrung zu entwickeln. Eine genmanipulierte Kartoffelsorte wurde erzeugt, die ein Lektin produzierte – ein Stoff, der normalerweise im Schneeglöckchen vorkommt. Dieser „Schneeglöckchen-Stoff" sollte gegen Schädlinge wirken, aber für Menschen und Säugetiere ungefährlich sein, wie er aus unzähligen Studien wusste. Doch es kam anders: Ratten, die mit den genma-

Als er vor den Gefahren der Gentechnik warnte, wurde er gekündigt: Arpad Pusztai, Wissenschafter von Weltruf

nipulierten Kartoffeln gefüttert wurden, waren anfälliger für Infektionen und Krankheiten, Thymusdrüse und Milz zeigten Schäden, einige Tiere hatten kleinere Gehirne, Lebern und Hoden, andere Tiere hatten Gewebevergrößerungen. Außerdem wurden Zellveränderungen festgestellt, was auf ein höheres Risiko für Magen- und Darmkrebs schließen ließ.[1] Die mit gentechnikfreien Kartoffeln gefütterten Ratten blieben gesund, auch wenn sie dieselbe Menge des „Schneeglöckchen-Stoffes" – diesmal aber gentechnikfrei – zu fressen bekamen, welche in den genmanipulierten Kartoffeln enthalten war.

Wie konnte es sein, dass ein normalerweise völlig harmloser Stoff plötzlich solche Schäden anrichtet – noch dazu teilweise schon nach nur zehn Tagen Verfütterung? Das wusste der britisch-ungarische Wissenschafter zu diesem Zeitpunkt noch nicht. Aber er wusste, dass er die Bevölkerung schnell warnen musste. Sein Chef, Institutsdirektor Philip James erlaubte dies und so sagte Pusztai am 10. August 1998 in der britischen Fernsehsendung „World in Action" zum Thema Gentechnik-Nahrung: „Wenn ich die Wahl hätte, würde ich sie sicher nicht essen." Und: „Als ein in diesem Bereich aktiver Wissenschafter finde ich es sehr, sehr unfair, unsere Mitmenschen als Versuchskaninchen zu missbrauchen."[2] Gleich nach der Sendung gratulierte ihm noch sein Chef und freute sich über das losbrechende Medieninteresse. Dann erhielt James, wie Pusztai später von ehemaligen Kollegen erfuhr, zwei persönliche Anrufe des damaligen Premierministers Tony Blair. Pusztai musste zum Schweigen gebracht werden, habe die Kernaussage gelautet. Doch auch Blair war angerufen worden, wie Pusztai ebenfalls mitgeteilt wurde: von US-Präsident Bill Clinton, der sich von wenigen schottischen Wissenschaftern nicht die „Biotech-Revolution" kaputtmachen lassen wollte. Zwei Tage nach seinem Interview wurde Pusztai gekündigt. Genauso erging es seiner Frau und Vorgesetzten Susan Bardocz, ebenfalls eine Wissenschafterin von internationalem Ruf. Beide erhielten Redeverbot und Pusztais Arbeit wurde konfisziert. Eine beispiellose Kampagne gegen seine Person brach los, bei der er als „alter Depp" hingestellt wurde. Seine Arbeitsgruppe mit allen 19 Personen wurde aufgelöst. Ein Jahr später, am 16. Oktober 1999, veröffentlichte das Wissenschaftsmagazin „The Lancet" jedoch die Studienergebnisse und bestätigte so Pusztai. Insbesondere die Auswirkungen auf den Magen-Darm-Trakt wurden beschrieben.[3] Es wurde gewarnt, dass diese Probleme auch beim Verzehr anderer gentechnisch veränderter Pflanzen auftreten können.[4] Doch anstatt dankbar zu sein, verbannte ihn die „wissenschaftliche Gemeinschaft" dauerhaft aus ihrer Mitte. Zu gefährlich war er für seine Kollegen weltweit.

Inzwischen fand Pusztai auch heraus, warum die Ratten krank wurden: „Die Probleme kamen durch die Einfügung des Gens." Das Fremdgen hat demnach bewirkt, dass sich die gentechnisch veränderte Kartoffel deutlich von der Ausgangskartoffel im Protein-, Stärke- und Zuckergehalt unterschied. Mit anderen Worten: Genmanipulierte Pflanzen sind nicht gleichwertig („substanziell äquivalent") zur jeweiligen gentechnikfreien Ausgangssorte – trotzdem wird die Lüge der „substanziellen Äquivalenz" bis heute offiziell aufrechterhalten.

Weltweit gibt es knapp 30 unabhängige wissenschaftliche Studien über den Verzehr von Gentechniknahrung. Sie zeigen eine Gemeinsamkeit, wie das Ehepaar Arpad Pusztai und Susan Bardocz – beide Träger des mit 5.000 Euro dotierten Stuttgarter Friedenspreises 2009 – zusammengefasst hat: „Besorgniserregende Gesundheitsauswirkungen".[5] Alle Studien, ohne Ausnahme.

Pusztai brachte durch sein mutiges Auftreten den donnernden Gentechnik-Zug erstmals ins Stocken. Das würdigten auch „die Anstifter", die Verleiher des Friedenspreises: „Er hat als erster Wissenschafter die Aufmerksamkeit auf die gesundheitlichen Gefahren der Gentechnik gelenkt und damit eine weltweite Bewegung zur kritischen Gentechnikforschung ausgelöst. Seine Frau hat seine Entscheidung mitgetragen und ihn unterstützt."[6]

Doch die etablierte Wissenschaft behauptet das Gegenteil: „Noch nie hat jemand wegen Genfood ein Hüstelchen gekriegt, noch nie eine Heiserkeit, noch nie ein Fieber", erklärte 2008 Beda M. Stadler, Direktor des Institutes für Immunologie und Professor an der Medizinischen Fakultät der Universität Bern.[7] Der Molekularbiologe und ehemalige österreichische Wissenschaftsminister Hans Tuppy betont: „Die in Europa und weltweit getesteten gentechnisch veränderten Pflanzen stellen für Mensch und Tier keine Gefahr dar."[8] Und die langjährige österreichische sozialdemokratische EU-Parlamentarierin Karin Scheele ergänzt: „Wir haben sogar grüne Berater engagiert. Doch da hieß es nur: Hände weg von der Behauptung, Gentechnik sei gesundheitlich bedenklich – da würden wir uns nur lächerlich machen."[9]

Wie ist dieser Gegensatz möglich? Wie können Wissenschafter von „sicheren" Nahrungsmitteln sprechen, wenn es eine solch große Zahl von besorgniserregenden Studien und Erfahrungen gibt? Weil sie direkt oder indirekt im Sold der Konzerne stehen, hat der Norweger Terje Traavik, wissenschaftlicher Direktor des unabhängigen staatlichen Forschungszentrums „GenØk" der Universität Tromsø, eine Erklärung parat: „Eine der größten Gefahren der Gentechnik besteht darin, dass 95 Prozent aller Wissenschafter auf diesem Gebiet für die

Industrie arbeiten, auf der Seite der Produzenten. Keine fünf Prozent sind wirklich unabhängig."[10] Im ganzen deutschsprachigen Raum gibt es kein einziges Universitätsinstitut, das sich unabhängig mit den gesundheitlichen Risiken der Gentechnik auseinander setzt, zeigt beispielsweise der unabhängige österreichische Risikoforscher Werner Müller auf. Auch die Zulassung von Gentechnik-Produkten ist ein Heimspiel für die Industrie: Monsanto & Co. lassen Studien von ihnen nahe stehenden Labors anfertigen, reichen diese bei den Zulassungsbehörden ein und bekommen fast durchgehend grünes Licht für ihre Produkte.

## Sicher in die Krankheit?

Die logische Folge: 13 Jahre nach kommerzieller Einführung der Gentechnik am Acker existierte weltweit noch kein einziger wissenschaftlicher Langzeitversuch an Tieren, wie sich Gentechniknahrung auf die Gesundheit auswirkt. Der dann 2009 von der bayerischen Landesregierung vorgestellte erste solche Versuch, mit dem Genmais MON 810, ist höchst umstritten – so wurden z. B. in der Genmais- und in der gentechnikfrei gefütterten Gruppe je 9 (!) der 18 Kühe „wegen Krankheit oder Unfruchtbarkeit" ausgetauscht.[11]

Jedoch gibt es abseits der Fälle Pusztai und Co. eine Vielzahl von alarmierenden Kurzzeitstudien, die zu einem Gentechnikverbot hätten führen müssen:

- Generbsen verursachen Lungenschäden: In Australien manipulierten Forscher Erbsen mit einem Bohnen-Gen. Damit erhofften sie sich eine Lösung gegen den Erbsenkäfer – schließlich befällt dieser nur Erbsen und nicht Bohnen. Tatsächlich gingen die Schäden fast auf Null zurück. Doch Mäuse reagierten im Tierversuch auf die Generbsen allergisch. Sie litten an Überempfindlichkeit der Haut, Entzündungen der Atemwege und Lungenschäden. Dementsprechend verwundert reagierte der Leiter des Gesundheitstests Paul Foster von der John Curtin School of Medical Research (JCSMR) – war doch das Bohnen-Gen in eine eng verwandte Pflanzenart eingebaut worden: „Wir fragten uns, warum es eine Reaktion auf die gentechnisch veränderten Erbsen und nicht auf die Bohnen gegeben hatte, … die Menschen über viele Jahre ohne Anzeichen auf eine Immunreaktion gegessen haben."[12] Nach zehn Jahren Forschung und Anbau war die Generbse 2005 gescheitert.[13] Wieder war es der Vorgang der Genmanipulation selbst, der zu höchst bedenklichen Ergebnissen geführt hatte.

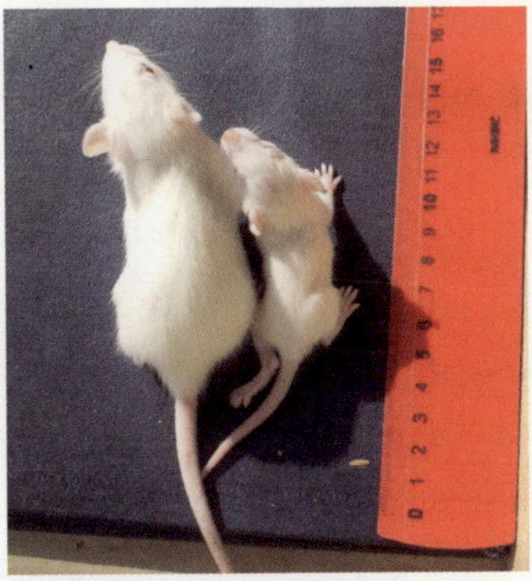

Mutter fraß Gensoja: Ratte rechts viel kleiner

- Gensoja tödlich für Jungratten: Ebenfalls 2005 untersuchte die Biologin Irina Ermakova von der russischen Akademie der Wissenschaften die Auswirkungen von Gensoja auf junge Ratten. Sie teilte trächtige Rattenweibchen in drei kleine Gruppen: eine erhielt genmanipuliertes Sojamehl zum Futter zugemischt, eine normales Sojamehl und eine Futter ohne jegliches Sojamehl. Bei den beiden Gruppen, bei denen die „werdenden Mütter" kein Gensoja fressen mussten, starben innerhalb der ersten drei Lebenswochen 7 bzw. 9 Prozent der Jungratten, nach Gensoja-Verzehr waren 55,6 Prozent der Jungratten tot (25 von 45). Außerdem wogen die „Gensoja-Jungen" bei der Geburt weniger als die anderen und waren auch danach im Schnitt kleiner. Doch es kann nicht sein, was nicht sein darf: Die Studie wird seither von der etablierten Wissenschaft bis aufs Blut bekämpft. Schließlich ist das von Ermakova untersuchte Roundup-Ready®-

Gensoja von Monsanto das erfolgreichste Produkt der Gentechnikindustrie – kaum ein Schwein oder Huhn in der westlichen Welt, das nicht damit gefüttert wird. Nicht auszumalen, wenn herauskäme, dass dieses Produkt mehr als ein Jahrzehnt Gesundheitsschäden angerichtet hätte.

- Genmais und Allergien: Laut einer Studie des staatlichen italienischen Forschungsinstitut für Ernährung und Lebensmittel (INRAN) führt der Genmais MON 810 bei Mäusen zu Veränderungen in Darm, Milz und Blut, die auf Entzündungen oder allergische Reaktionen hindeuten.[14] MON 810 ist seit Jahren (Stand: November 2009) die einzige genmanipulierte Pflanze, die großflächig in der EU angebaut wird.
- Totalpflanzengift tödlich für menschliche Zellen …: Forscher der Universität Caen, Frankreich, untersuchten das „Gentechnik-Herbizid" Roundup® von Monsanto. Als Totalherbizid tötet es alle natürlichen (Acker-)Pflanzen – nur nicht die genmanipulierten Pflanzen desselben Konzerns. So kassiert z. B. Monsanto mit Saatgut und Spritzmittel gleich im Doppelpack ab. Auf der Strecke bleibt wieder einmal die Gesundheit: „Alle Roundup®-Rezepturen verursachen den vollständigen Zelltot innerhalb von 24 Stunden", fassen die Studienautoren zusammen.[15] Die Zellatmung wurde blockiert und Erbgutschäden hervorgerufen – das alles bei einer 100.000(!)-fachen Verdünnung des Spritzmittels. Dies „entspricht geringen Rückständen in Lebens- und Futtermitteln", heißt es in der Studie.[16] Doch Roundup® & Co. bestehen nicht nur aus einem Wirkstoff, sondern auch aus Netzmitteln. Diese ermöglichen dem Wirkstoff erst, in die Pflanze einzudringen und diese zu töten. So kann das Netzmittel Tallowamin bei Menschen zu Hautreizungen, Übelkeit und Durchfall führen, wie Seralini feststellt.
- … und gefährlich für Embryos? Der argentinische Forscher Andrés Carrasco stellte fest, dass Glyphosat – der Hauptwirkstoff von Round-

up® – bereits in geringen Mengen Frosch-Embryonen schädigt. Verkleinerte Köpfe, genetische Zellveränderungen im zentralen Nervensystem, erhöhte Sterblichkeit bei Zellen, die den Schädel formen und deformierte Knochen und Knorpel seien regelmäßige und systematische Folgen von Glyphosat. „Die beobachteten Missbildungen sind einheitlich und systematisch", erklärte der Top-Wissenschafter beispielsweise gegenüber IPS News.[17] Ähnliche Folgen für Menschen seien realistisch. Carrasco leitet das Labor für molekulare Embryologie an der Universität von Buenos Aires, war Präsident des argentinischen Nationalrats für Forschung und Technologie und arbeitet für die argentinische Armee. Da die Ergebnisse so alarmierend waren, entschied er sich im April 2009 – ähnlich wie seinerzeit Arpad Pusztai – noch vor der wissenschaftlichen Publikation an die Öffentlichkeit zu gehen.[18] Prompt klagte eine Gruppe argentinischer Umweltanwälte vor dem Obersten Gerichtshof, um Glyphosat-Produkte zumindest einmal ein halbes Jahr lang zu verbieten.[19] Mit Glyphosat gespritztes Gensoja bedeckt mit 17 Mio. ha die Hälfte aller Ackerflächen Argentiniens und ist eines der wichtigsten Exportprodukte des Landes überhaupt. Als Folge seines mutigen Auftretens wurde Carrasco persönlich bedroht und sogar angeklagt, die gesamten Untersuchungen erfunden zu haben. Seine Antwort: „Es handelte sich um eine grausame, unverhältnismäßige, schmutzige Reaktion. Ich hatte nicht einmal etwas Neues entdeckt, lediglich Schlussfolgerungen anderer bestätigt. Man muss sich erinnern, dass die Untersuchung in Zusammenarbeit mit den Gemeinden entstand, die unter den Wirkungen der Agro-Chemikalien litten. Sie sind der unwiderlegbare Beweis der schädlichen Wirkung." Er lässt sich nicht einschüchtern: „Wenn ich etwas weiß, werde ich nicht den Mund halten."

- Beim zweiten weltweit verwendeten „Gentechnik-Herbizid" Glufosinat sieht die Lage ähnlich aus: Laut Untersuchungen beeinträchtigt der Wirkstoff die Gehirnentwicklung,[20] kann zu Verhaltensstörungen führen, ist reproduktions-toxisch und verursacht Missbildungen bei Föten. Schweden hat bereits 2006 ein EU-weites Verbot gefordert – ob ein solches kommt, steht in den Sternen.[21]

Somit haben sich alle Paradeprodukte der Gentechnikindustrie als höchst problematisch erwiesen: Das weltweit am meisten verwendete Futtermittel (Gensoja „Roundup-Ready®" von Monsanto), die Paradepflanze für den Genmais-Anbau (MON 810) und das weltweit meist verkaufte Herbizid Roundup® mit dem Wirkstoff Glyphosat.

### Wehe, es sagt wer die Wahrheit

Anhand der Fälle von Pusztai oder Ermakova wird klar, warum Wissenschafter, Beamte und Journalisten so selten gegen Monsanto & Co. auftreten: Wer Widerstand leistet, bekommt Probleme. Ein Beispiel, bei dem dies besonders offensichtlich wird, ist jenes rund um „Posilac": Dabei handelt es sich um das weltweit erste, groß vermarktete genmanipulierte Produkt – natürlich von Monsanto. Dokumentiert hat dies die französische Journalistin Marie-Monique Robin in ihrem herausragenden Film und ihrem Buch „Mit Gift und Genen"[22]: 1994 wurde dieses Rinderwachstumshormon „Somatotropin" (kurz: rBST bzw. rBGH) eben unter dem Markennamen „Posilac" in den USA zugelassen. Somatotropin dient in der Natur der Kuh dazu, nach dem Kalben körperliche Reserven zu mobilisieren, um mehr Milch zu bilden. Zwei Injektionen des genmanipulierten Produktes pro Monat sollten reichen, um die Milchleistung der Tiere um mindestens 15 Prozent pro Jahr zu erhöhen – dass die Tiere einen solchen Dauerstress nicht lange aushalten, ist wieder ein anderes Thema. Die von Monsanto 1985 und 1988 eingereichten Unterlagen hatten „keinen großen wissenschaftlichen Wert", wie der zuständige Beamte Richard Burroughs berichtet. Er arbeitete im Zentrum für Veterinärmedizin (CVM) der US-Gesundheitsbehörde FDA. „Trotz all dieser Fehler ging aus den Studien klar hervor, dass die Häufigkeit von Mastitis (Anm.: = Euterentzündung) stark zugenommen hatte", so

Burroughs. Acht Monate, nachdem er diese Bedenken im März 1988 an Terrence Harvey von Monsanto übermittelt hatte, wurde Burroughs gekündigt. Offizieller Grund: „Unfähigkeit". Wichtiges Detail bei dieser Geschichte: Der Monsanto-Mann hatte selbst zuvor das Zentrum für Veterinärmedizin geleitet. Auch veröffentlichte Dokumente über Fortpflanzungsprobleme durch Posilac konnten die Zulassung des genmanipulierten Mittels in den USA nicht verhindern. „Die FDA hat das Mittel deshalb zugelassen, weil viele Leute Schlüsselpositionen innehatten, die vorher bei Monsanto gearbeitet hatten", klärt der US-Wissenschafter Michael Hansen auf. Der bekannte Ökonom Jeremy Rifkin ergänzt: „Es sind Drehtüren, die nach oben führen, eine Art Spirale." Dutzende Mitarbeiter von Monsanto wechselten zur FDA, in die Politik oder umgekehrt, Michael Taylor sogar mehrmals. In Kanada hingegen lehnten sich drei Wissenschafter der nationalen Gesundheitsbehörde gegen die Markteinführung in ihrem Land auf: Shiv Chopra, Margaret Haydon und Gérard Lambert sagten 1998 vor dem Landwirtschaftskomitee des kanadischen Senates aus. Haydon erklärte hierbei unter anderem, dass ein Monsanto-Vertreter bei einer Sitzung mit ihr und zwei führenden Vertretern der nationalen Gesundheitsbehörde ein bis zwei Millionen Dollar angeboten hatte. Ihre Aussagen bewirkten, dass Posilac in Kanada – und letztlich auch in der EU – nicht zugelassen wurde. Alle drei wurden daraufhin „gemobbt, kaltgestellt, geschnitten", wie Chopra feststellt, und schließlich 2004 entlassen. 2008 veröffentlichte der Wissenschafter ein Buch über seine Erlebnisse unter dem Titel „Corrupt to the Core" (deutsch: „Durch und durch korrupt").[23]

1997 drehten die vielfach ausgezeichneten Enthüllungsjournalisten Jane Akre und Steve Wilson beim Sender „Channel 13" eine Reportage über das Hormonthema. Noch vor der Ausstrahlung drohte Monsanto mit Klage. Zu allem Unglück war der Sender gerade an den industriefreundlichen Kanal Fox News verkauft worden. Der damalige Sender-Chef Dave Boylan stellte sich gegen die Ausstrahlung und drohte den beiden mit

Entlassung: „Wir haben drei Millionen Dollar für diesen Fernsehsender gezahlt. Wir sind es, die entscheiden, welchen Inhalt eine Nachricht hat." Als dies nicht fruchtet, will er die beiden mit einem Jahresgehalt von 200.000 Dollar zum Schweigen überreden. Daraufhin klagen die beiden Journalisten das Unternehmen. In einem jahrelangen Prozess mussten beide schließlich froh sein, nicht die Gerichtskosten für Fox News bezahlen zu müssen. Akre, Wilson, Chopra, Haydon, Lambert und Burroughs: Allein für das genmanipulierte Rinderwachstumshormon wurden mindestens sechs unliebsame Experten „aus dem Weg geräumt". Doch auch hier trug der anhaltende Widerstand von mutigen Menschen Früchte: Die Verkaufszahlen sanken, Monsanto verkaufte die Marke Posilac 2008 an den Pharmakonzern Eli Lilly und ebenfalls 2008 stellte die Biochemie Kundl in Tirol, bis dahin größter Erzeuger des künstlichen Hormons, die Produktion ein.

## Manipulierte Gene „springen" auf andere über

Zensur auf der einen Seite, Vertuschung bewiesener Tatsachen auf der anderen. Das betrifft auch den sog. „horizontalen Gentransfer": Dieser könne zwar nicht absolut widerlegt werden, wird jedoch „als extrem gering betrachtet", heißt es beispielsweise von der staatlich finanzierten österreichischen Pro-Gentechnik-Wissenschaftsplattform „dialog<>gentechnik".[24] Was bedeutet diese Bezeichnung, hinter der sich eine wahre Bombe verbirgt? Dass (manipulierte) Gene eines Organismus ins Erbgut eines Organismus anderer Art „überspringen" – also z. B. die Fremdgene im Genmais nach dem Essen in die Körperzellen gelangen und sich dort ins Erbgut einschließen.
Hans-Hinrich Kaatz, Professor der Martin Luther Universität im deutschen Halle an der Saale, wies einen solchen horizontalen Gentransfer von der Pflanze auf die Darmbakterien der Bienen nach.[25] Diese sensationellen Ergebnisse reichte Kaatz bei der Top-Wissenschaftszeitschrift „Nature" ein. Alle Bedingungen für eine Veröffentlichung wurden er-

füllt, wie zwei Gutachten bestätigten. Dann hörte Kaatz lange nichts – bis er von der Ablehnung des Artikels erfuhr. Aber nicht von der „Nature"-Redaktion, sondern von einem ZDF-Redakteur, der ihn interviewt hatte. Und dieser gab an, es von Monsanto erfahren zu haben … Ähnliches wurde bei der weltweit bislang einzigen (Kurzzeit-)Studie über die Auswirkungen von Gentechnik-Nahrung auf den Menschen festgestellt: In drei von sieben Fällen wurde in Darmbakterien die manipulierte Erbsubstanz = DNS der verspeisten Gensoja gefunden.[26] Von der normalen Soja nahmen die Darmbakterien keine Erbsubstanz auf. Daher schlossen andere, unabhängige Wissenschafter, dass genmanipulierte DNS leichter übertragen werden kann, da sie instabil ist.[27] Bei allen Personen konnte in den Ausscheidungen genmanipulierte Erbsubstanz festgestellt werden.

## Fremdgene überall

Ebenso wie der horizontale Gentransfer geleugnet wird, streiten Wissenschafter, Politiker und Bauernfunktionäre bis heute ab, dass die Gene manipulierter Pflanzen nach dem Verzehr im Körper zu finden sind. Doch seit 2005 ist der Gegenbeweis erbracht worden: Forscher der Universität Piacenza rund um Raffaele Mazza fütterten Schweine mit dem Genmais MON 810 – und wiesen Bruchstücke des manipulierten Gens in Blut, Leber, Milz und Nieren nach.[28] Zu ähnlichen Ergebnissen kamen kanadische Forscher des landwirtschaftlichen Forschungszentrums Lethbridge, Alberta. Unter der Leitung von Ranjana Sharma stellten sie im Dickdarm-Gewebe von Schafen und im Blinddarmgewebe von Schweinen Transgen-Fragmente fest.[29] „So wie Pestizide im Blut nichts verloren haben, so haben auch künstliche Gene nichts im Blut verloren", bringt es Josef Feilmeier, Händler von gentechnikfreien Futtermitteln auf den Punkt. Erst seit den 1990er-Jahren ist bekannt, dass überhaupt genetische Information (DNS) aus der „natürlichen" Nahrung in den Körper aufgenommen wird. Warum dies so ist, ist noch nicht klar.

„Offenbar dürfte bei der Nahrungsaufnahme neben den Fetten, Kohlenhydraten und den Eiweißen auch noch die genetische Information eine Rolle spielen", so Feilmeier.
Wieder einmal wurden alle Beschwichtiger Lügen gestraft. Dennoch sollen die Menschen offensichtlich weiter im Dunkeln tappen. So will die Europäische Lebensmittelbehörde EFSA bis heute, im Jahr 2009, nichts vom Nachweis von synthetischen Genen im Blut wissen. Es stellt sich die Frage: Wenn sogar bei offensichtlichen Ergebnissen nicht die Wahrheit gesagt wird, was wird sonst noch alles verschwiegen?

## Horror-Krankheit durch Gentechnik-Nahrung?

2001 tauchten in den USA erste, rätselhafte Fälle einer neuen Krankheit auf. Menschen berichten von einem merkwürdigen, faserähnlichen Material unter ihrer Haut, von starkem Juckreiz und vom Gefühl, als ob sich etwas unter der Haut bewege. Schließlich quellen die feinen, schwarzen, roten oder blauen Fasern durch Wunden aus der Haut. „Dieses Zeug kommt aus meinen Augen heraus. Ich sauge mein Bett sechs Mal pro Nacht ab. Das ist die Hölle auf Erden", wird die 47-jährige Lalani Duval in der „Washington Post" zitiert. Bereits drei Mal habe sie sich eine Pistole an den Kopf gehalten, weil sie dachte, es nicht mehr auszuhalten.[30] Dona Forehand, 58, ehemalige Miss Virginia, erzählt, dass sie täglich acht Stunden lang versuchte, Fäden aus ihrem Kopf zu ziehen. Innerhalb kürzester Zeit verlor die immer hochaktive, auch in vielen Wohltätigkeitsorganisationen tätige Frau all ihre Energie. Wissenschafter taten diese und viele andere Berichte als Einbildung oder Selbstverstümmelung ab. Doch die Zahl der Fälle stieg laufend. Es zeigte sich, „dass sich die Fasern verschiedener Menschen untereinander verblüffend ähnlich sahen und doch keiner bekannten Umweltfaser glichen", wie der Pharmakologe Randy Wymore nach seinen Tests feststellte. Als der Wissenschafter Ahmed Kilani zwei Faserproben analysierte und dabei deren DNS extrahieren konnte, fand er heraus, dass sie zu einem Pilz gehören.

Noch mehr Licht ins Dunkel brachte Vitaly Citovsky, Professor für Molekular- und Zellbiologie an der Stony Brook University in New York (SUNY). Er ist einer der weltweit angesehensten Spezialisten, was den Vorgang der gentechnischen Veränderung betrifft. In einem am 14. Jänner 2007 erschienenen Text schrieb Citovsky: *„Morgellonsche Hautfäden scheinen Zellulose zu enthalten. Diese Beobachtung deutet auf einen möglichen Einfluss des krankheitserregenden Agrobacteriums hin, von dem bekannt ist, Zellulosefäden an Infektionsstellen im Wirtsgewebe zu produzieren. (...) Unsere vorläufigen Ergebnisse zeigen, dass das Agrobacterium in der Ätiologie (Anm.: Ursache) und/oder der Entwicklung der Morgellonschen Krankheit beteiligt sein kann.“*[31]

Am 12. August 2007 berichtete das hoch angesehene Wissenschaftsmagazin „New Scientist“ von Citovskys Forschungsergebnissen, dass die Morgellon-Wunden das Agrobacterium enthalten, das „kommerziell bei der Herstellung genetisch veränderter Pflanzen verwendet wird“. Bereits 2001 hatte er unter Laborbedingungen festgestellt, dass das Agrobacterium seine Erbsubstanz in menschliche Zellen einbringen kann.[32] Ein Zusammenhang zwischen der neuen Krankheit und genmanipulierten Nahrungsmitteln sei vorstellbar, erklärten beispielsweise die gentechnikkritischen Wissenschafter Mae-Wan Ho und Joe Cummins.[33] Der Gentechniker Citovsky bestreitet dies hingegen heftig. Auf jeden Fall scheint es sich um eine noch nie dagewesene Krankheit zu handeln.
Bis Ende 2009 waren weltweit offiziell mehr als 14.000 Morgellon-Fälle registriert, die meisten davon in den USA.[34] Doch das Thema war für die für die öffentliche Gesundheit verantwortlichen „Zentren für Krankheitsüberwachung und Vorbeugung“ (Centers for Disease Control and Prevention, CDC) lange tabu: Erst nach zahlreichen Bürgerbeschwerden und der Initiative eines Senators wurden sie 2006 aktiv. Eine Studie wurde in Auftrag gegeben, die jedoch im November 2009 noch nicht ausgewertet war.[35]

## Todsicher

Kein Hüstelchen, kein Ausschlag, kein Fieber? In den 1980er Jahren hatte das japanische Unternehmen Showa Denko K.K. entschieden, das Nahrungsergänzungsmittel L-Tryptophan fortan mit gentechnisch veränderten Mikroorganismen herzustellen. Damit sollten die Produktion billiger und die Gewinne höher werden. L-Tryptophan ist eine körpereigene Aminosäure, die der Mensch aber nicht ausreichend selbst produziert und die daher auch von außen aufgenommen werden muss. Sie kommt unter anderem in der Milch vor und fördert das Entspannen und Einschlafen. Kein Wunder, dass L-Tryptophan als praktisch nebenwirkungsfreies Schlafmittel in der (US-)Bevölkerung sehr beliebt war. Doch sobald das mit Hilfe von genmanipulierten Mikroorganismen erzeugte Mittel in den USA auf den Markt kam, häuften sich 1989 im ganzen Land rätselhafte Erkrankungen. Sie reichten von spastischen Muskelkrämpfen über großflächige, juckende Ausschläge bis hin zu Lähmungen und waren meist mit unglaublichen Schmerzen verbunden. Sie wurden unter dem Kürzel EMS (Eosinophilen-Myalgie-Syndrom) zusammengefasst, an dem laut der US-Nahrungs- und Arzneimittelbehörde FDA mindestens 1.500 Menschen dauerhaft erkrankten und mindestens 37 starben.[36] Schätzungen eines Netzwerkes von EMS-Opfern gehen von 80 bis 125 Toten aus. Das staatliche Center for Disease Control (CDC) wies 1991 nach, dass ausschließlich dieses von Showa Denko K.K. hergestellte L-Tryptophan für die Krankheits- und Todesfälle verantwortlich war.[37] Man fand Spuren von 60 bis 69 Stoffen, die das Präparat verunreinigt hatten, wovon sechs mit EMS-Fällen in Verbindung gebracht wurden.

Die US-Gesundheitsbehörde FDA tat alles, um den Skandal zu vertuschen. Sie gab nicht der gentechnischen Veränderung die Schuld für die Epidemie, sondern dem Stoff Tryptophan und zog alle – auch gentechnikfreie – Produkte vom Markt. Verantwortlich seien die Veränderungen am Reinigungsprozess: Showa Denko hatte nämlich im Dezember 1988, kurz nach der Einführung des gentechnisch veränderten Bakterienstammes, die Kohlenstoff-Filtermenge pro Charge von 20 auf 10 Kilogramm halbiert. Doch dieses Argument ist unhaltbar: Der Journalist William Crist identifizierte hunderte EMS-Krankheitsfälle, die schon vor der verringerten Filterung im Dezember 1988 auftraten:[38] Auch damals waren – allerdings weniger effektive – genmanipulierte Bakterienstämme eingesetzt worden. Außerdem hat noch nie ein gentechnikfreies Tryptophan-Bakterium ein gefährliches Gift produziert und ist es in den vergangenen 50 Jahren durch „normale“ bakterielle Fermentation auch noch nie zu einem ähnlichen Fall gekommen.[39] Andererseits sind schon mindestens zwei weitere, wissenschaftlich dokumentierte Fälle bekannt, bei denen einmal genmanipulierte Tabakpflanzen und einmal genmanipulierte Hefen völlig unerwartet Gifte produzierten.[40] Showa Denko brachte in die Bakterien nicht eines, sondern gleich vier fremde manipulierte Gene ein. Dies erhöhte die Gefahr von schweren Stoffwechselstörungen enorm, wie die in diesem Fall äußerst aktiven internationalen „Physiker und Wissenschafter für eine verantwortungsvolle Anwendung von Wissenschaft und Technologie“ feststellten. Um die Gentechnikindustrie reinzuwaschen, wurden Beweismittel mit völlig abstrusem Inhalt „fabriziert“, sind sich die unabhängigen Wissenschafter sicher. Tatsächlich gab es allen Anlass, Beweise zu unterdrücken und zu verdrehen: Genau zum Zeitpunkt des Unfalls waren die Biotech-Firmen dabei, Gentechnik-Nahrung einzuführen. Wenn die Gentechnik bei Showas Tryptophan als Ursache genannt worden wäre, „wäre es fast unmöglich gewesen, Gentechnik-Nahrung am Markt ohne milliardenteure Sicherheitstests zu verkaufen“, schlussfolgerten die „Physiker und Wissenschafter für eine verantwortungsvolle Anwendung von Wissenschaft und Technologie“.[41] So verwundert es auch nicht, dass es zu keinem großen Gerichtsverfahren kam: Showa Denko überwies in einem außergerichtlichen Vergleich den über 2.000 Opfern mehr als zwei Milliarden Dollar.[42]

Die US-Gesundheitsbehörde FDA konnte im Abschlussbericht Gentechnik als Ursache nicht ausschließen, wie der für Gentechnik zuständige James Maryanski zu Protokoll gab.[43] Die Verunreinigungen im L-Tryptophan, die bis zum Tod führten, waren erstaunlich gering und bislang unbekannte Gifte. Showa Denko hielt alle erforderlichen US-Standards ein.[44] Heute werden viele Nahrungsergänzungsmitteln mit Hilfe gentechnisch veränderter Bakterien hergestellt: z. B. Vitamin B2, B12 oder teilweise Vitamin C. Das „Glück" bei L-Tryptophan war, dass es eine bisher unbekannte, akute und schnell auftretende Krankheit mit einzigartigen Symptomen ausgelöst hatte. Dennoch dauerte es Jahre, um die neuartige Krankheit mit L-Tryptohan in Zusammenhang zu bringen und danach Monate, um jenes Produkt von Showa Denko als Ursache dingfest zu machen. Hätte das Präparat aber Asthma, Allergien oder Krebs ausgelöst, wäre es höchstwahrscheinlich nicht als Ursache entdeckt worden. Kurz nach der Tryptophan-Affäre sei die FDA „für Gentechnik-Nahrung schwer voreingenommen" gewesen, deckte der Rechtsanwalt Steve Drucker in einem Gerichtsverfahren gegen die Behörde auf. Mehr noch: „Sie ignorierte ernsthafte Warnungen der eigenen Wissenschafter in Bezug auf die Verwendung von Gentechnik-Nahrung." Die unabhängigen Physiker und Wissenschafter warnen vor einem „gentechnischen Super-GAU", vergleichbar mit Tschernobyl: „Showa Denko war das ‚Harrisburg'[45] der Gentechnik. Es sollte kein Tschernobyl passieren müssen, bevor sie verboten wird, insbesondere deshalb, weil keine Gentechnik-Nahrung und kein anderes Gentechnik-Produkt solche Vorteile bringt, die es rechtfertigen, irgendwelche Risiken einzugehen."[46]

Doch anstatt die Gentechnik in Landwirtschaft und Lebensmitteln zu verbieten, kommen die Verantwortlichen immer mehr in den Verdacht, einen gentechnischen Super-GAU in Kauf zu nehmen: Nicht vier Fremdgene wie bei Tryptophan, sondern gleich acht (!) haben Monsanto und Dow Chemical in den Genmais „Smartstax™" gestapelt. Dieser wurde erstmals für den Anbau in Kanada im Jahr 2010 zugelassen. Tests auf gesundheitliche Auswirkungen gab es keine. Offizieller Grund:

In seinem Buch „Genetic Roulette" listet der US-amerikanische Wissenschaftsjournalist Jeffrey M. Smith 65 Fallbeispiele auf, die durch die Gentechnik hervorgerufene Gesundheitsrisiken belegen. Dabei nennt er fünf Kategorien, wie Gentechnik-Pflanzen zu Gesundheitsschäden führen können:

1.) Der Gentransfer selbst. Er kann die DNS (Trägerin der Erbinformation) der „neuen Pflanze" gegenüber der Ausgangssorte messbar verändern.

2.) Das neu erzeugte Protein kann gefährlich oder giftig sein.

3.) Das eingebrachte Fremdgen kann mutieren und ein ganz anderes Protein erzeugen als erwartet (Beispiel „Generbse" in Australien).

4.) Anhäufung von Giften, weil Gentechnik-Pflanzen – entgegen den Versprechen der Konzerne – weit mehr Pestizide brauchen als konventionelle.

5.) Horizontaler Gentransfer: Es ist möglich, dass tierische und menschliche Darmbakterien die genmanipulierte Erbsubstanz der Pflanzen aufnehmen und selbst produzieren können.

Die Fremdgene für den Giftcocktail aus Herbizidtoleranz – Roundup® und Glufosinatherbizide – und Insektenresistenz existierten schon in diversen Pflanzen. Monsanto bezeichnete die Pflanze gar als „die umfassendste Insekten- und Unkrautbekämpfung".[47] Lucy Sharratt, Koordinatorin des gentechnikkritischen „Canadian Biotechnology Action

Network" greift hingegen die Gesundheitsbehörde Health Canada an: „Dieser Skandal deckt die tiefste und gefährlichste Lässigkeit von Health Canada in Bezug auf die Risiken von Gentech-Nahrungsmitteln und die Sicherheit der Kanadier auf." Auch in der EU wurde ein Genmais mit vier Gift-Fremdgenen 2009 durchgewunken – ohne Tests. Und das droht erst der Anfang gewesen sein: Bis 2012 sollen laut Syngenta 95 Prozent aller Genmais-Pflanzen mit drei oder mehr Fremdgenen bepackt sein.[48]

## US-Ärzte fordern Verbot

Nun keimt sogar in den USA, dem „Mutterland der Agro-Gentechnik", zunehmend Widerstand auf. So verfasste die „American Academy of Environmental Medicine (AAEM)" (dt.: Amerikanische Akademie für Umweltmedizin) am 19. Mai 2009 eine öffentliche Erklärung, in der die Ärzte vor „ernsten Gesundheitsrisiken in Verbindung mit dem Konsum von Gentechnik-Nahrung" warnen. Sie verweisen auf die vorhandenen alarmierenden Studien: „Es gibt mehr als eine zufällige Verbindung zwischen Gentechnik-Nahrung und nachteiligen Gesundheitseffekten."[49]

## Die Forderungen der Mediziner:

- Ein Moratorium (also ein zeitlich befristetes Verbot) für Gentechnik-Nahrung, die Durchführung sofortiger unabhängiger Langzeit-Sicherheitstests sowie die Kennzeichnung von Gentechnik-Nahrung.
- Die Aufklärung der Patienten, der Ärzteschaft und der Öffentlichkeit, dass Gentechnik-Nahrung zu vermeiden ist.
- Die Verbreitung von Lehrmaterial betreffend Gentechnik-Nahrung und Gesundheitsrisiken.
- Ärzte sollen die Rolle von Gentechnik-Nahrung im Krankheitsverlauf ihrer Patienten in Betracht ziehen.
- Mehr unabhängige wissenschaftliche Langzeitstudien über die Auswirkungen von Gentechnik-Nahrung auf die menschliche Gesundheit.

# 2. GOTTFRIED GLÖCKNER – EIN GENTECHNIK-KRIMI

**Gottfried Glöckner setzte als einer der ersten überhaupt auf die Gentechnik. Doch der hessische Milchbauer machte damit nicht das große Geschäft, sondern verlor alle seine Tiere. Nachdem er den Genmais als Täter identifizierte, verlor er auch noch seine Lebensgefährtin, seine Freiheit und seine Äcker. Doch er ließ sich nicht beugen und blieb gerade – so hilft er, die Welt gentechnikfrei zu machen.**

Spargel mit Schinken ummantelt, dazu heurige Kartoffel – fast nebenbei kocht er ein köstliches Mittagessen. Als Nachspeise gibt es eine Himbeertorte. „Den Tortenboden hat Ulli gemacht", sagt Gottfried Glöckner nachdenklich. Drei Jahre zuvor hat Ulli hier noch gekocht. Doch die junge Frau ist nicht mehr.

Fast nichts ist mehr, wie es war: Im Haus ist er alleine, der Stall ist leer, die Äcker versteigert, die Ehe geschieden, eineinhalb Jahre offenbar unschuldig im Gefängnis gesessen, seine Lebensgefährtin Ulli tot im Wald aufgefunden – was nach einem schlechten Film klingt, wurde für den Landwirt aus Wölfersheim in Hessen unglaubliche, schreckliche Wirklichkeit. Dennoch strahlt er Zuversicht und Kampfgeist aus. Zu verlieren hat er nichts mehr. „Oberstes Ziel ist es, meine Gründe wieder zu bekommen", spricht er sein Nahziel an. Weder Verbitterung noch Hass schwingen in seinen Worten mit.

Glöckner war einer der ersten „Gentechnik-Bauern" Deutschlands. Die Industriebosse gingen auf seinem Hof ein und aus. Er baute Bt 176 Genmais von Syngenta an, der ein Bakterium-Gift gegen den Maiszünsler, einen Schädling, produziert. Zweieinhalb Jahre verfütterte er den Genmais ohne nennenswerte Probleme, bis „eine Bombe einschlug", wie er es formuliert: Ab 2001 wurden seine Tiere krank bis hin zu einem

Euterdurchbruch, es kam zu Missgeburten und zwölf Kühe starben. Schließlich gaben die überlebenden Tiere keine Milch mehr und er verlor seine ganze Herde. Am 13. Dezember 2004 holte der Metzger seine letzten Kühe. Glöckner wies nach, dass das Gift des Genmaises überall im Tier zu finden ist und berichtet von einer Verseuchung jener Äcker, wo er die Gülle der mit „Giftmais" gefütterten Tiere ausbrachte.[1]

Fünf der zwölf Kühe starben zwischen Mai und August 2001. Im April 2002 erhielt Glöckner von Syngenta die Zusage für die Auszahlung von 42.000 Euro für die toten Tiere, die fehlende Milchleistung sowie Tierarztkosten. Weitere 55.000 Euro wurden in Aussicht gestellt. Im Sommer 2002 starben sieben weitere Kühe. Um zu seinem Recht zu kommen, wandte sich Glöckner an einen einflussreichen Mittelsmann mit Draht zur Syngenta-Zentrale in Basel. Dieser versprach ihm eine Lösung. Guter Hoffnung fuhr Glöckner im Jänner 2003 zu einem Treffen.

„Wir machen mit der Schadenssumme Halbe/Halbe", habe dessen Angebot gelautet. Für Glöckner war dies indiskutabel. Seine kurze Antwort: „Vergessen Sie, dass wir über das Thema gesprochen haben." Er drehte sich um und ging. Im Flur habe ihm der Mittelsmann noch nachgerufen: „Herr Glöckner, was ist denn eigentlich mit Ihrer Ehe?" Völlig verdutzt drehte sich der Landwirt um, sagte: „Ich bin nicht mit Syngenta verheiratet" und ging endgültig. Wenig später, im Februar 2003 erhielt er auch von offizieller Syngenta-Seite einen „Korb": „Wir sind mit unserem Latein am Ende, mehr können wir für Sie nicht machen", hieß es. Glöckners Scheidungsprozess war gerade im Laufen. „Ohne nennenswerte Probleme", wie er sagt. Kurz darauf wechselte seine Frau den Anwalt, wie Glöckner erzählt. Der „Neue" sei aus der Hanauer Gegend gekommen, ganz in der Nähe der Deutschland-Vertretung von Syngenta in Maintal. Auf einmal lautete die Anklage auf „Vergewaltigung in der Ehe". Glöckner tat dies als einen schlechten Scherz ab.

„Ich hatte gerade sehr viel zu tun: Die Milchleistung der Tiere hatte nachgelassen, es gab mit den Kälbern Probleme, ich arbeitete in der Ge-

Gottfried Glöckner im leeren Kuhstall: „Gentechnik-Bombe“ schlug ein

meindevertretung und wollte vor allem die Ursachen der Probleme am Hof herausfinden. Ich machte mir keinen großen Kopf.“ Doch es war kein Scherz: 2004 kam es zur Verhandlung im Amtsgericht Friedberg und er wurde verurteilt.

Von seiner Unschuld überzeugt, berief Glöckner. Die letzte Verhandlung war am Oberlandesgericht Frankfurt für 1. November 2005 angesetzt. Einen Monat zuvor, am 28. September, traf sich Glöckner mit einem weiteren „Vermittler“, wie er ihn nennt. Glöckner hatte bereits Schadenersatzklage gegen Syngenta eingereicht. „Er sagte mir, ich soll meine Memoiren schreiben. Es hätten schon Unschuldige im Gefängnis gesessen. Er bot mir eine Immobilie an und ich sollte vier Wochen Urlaub in Südafrika machen, denn er wusste, dass ich in die Schweiz fahren würde.“ Glöckner hatte für Ende Oktober eine Einladung für Veranstaltungen in Basel, Zürich und St. Gallen – eine Volksabstimmung über ein Gentechnikverbot im Anbau stand vor der Tür. Für den Landwirt war das „Angebot“ mit Immobilie und Urlaub inakzeptabel: „Ich mache Urlaub, wann ich will und wie ich es für notwendig erachte“, entgegnete er.

Einen Monat später fuhr Glöckner in die herbstliche Schweiz, anstatt in Südafrika die Frühlingssonne zu genießen.
„Memoiren schreiben", „unschuldig im Gefängnis" – die Sprache indirekter Warnungen verfehlte ihre Wirkung nicht: Glöckner hatte Angst, zeitweise sogar Angst um sein Leben. „Als ich unterwegs war und nachgedacht habe, ist mir das ziemlich nahe gegangen. Es ist heftig, mit welchen Mitteln gearbeitet wird." Auch von anderer Seite wurde er auf einen „Abschied" vorbereitet: Der Verfasser des Antrags für die Zulassung des Bt 176 Genmaises in Deutschland habe ihm auf die Mailbox gesprochen: „Das war's dann wohl." In der Schweiz wurde Glöckner nach eigenen Angaben genau beobachtet: „Sogar die Grenzbeamten wussten über mich Bescheid." Glöckner hielt viel beachtete Vorträge und wurde sich erst nach und nach der Bedeutung seiner Mission bewusst: „Ich habe die Schweiz zuerst als etwas Unwichtiges gesehen. Aber ein weißer Fleck auf der Landkarte ist für die Gentechnik-Konzerne nicht schick. Doch die Auswirkungen gehen weit über die Schweiz hinaus, schließlich sitzt dort die UNO-Weltgesundheitsorganisation WHO und die Welthandelsorganisation WTO." Tatsächlich sollten die Schweizer sich für ein Gentechnik-Anbauverbot aussprechen.

## Zwei Katastrophen auf einmal

Am 1. November, dem Tag seiner Strafprozessverhandlung, war Glöckner noch in der Schweiz und nicht am Frankfurter Oberlandesgericht. Sein Anwalt habe ihm gesagt, er brauche nicht zu kommen, da das vorhergegangene Urteil am Landgericht Gießen wegen eines Verfahrensfehlers falsch sei. Die vergangenen Monate und Jahre forderten nun ihren Tribut: „Ich war im November 2005 so fertig, dass ich täglich um 12.00 Uhr nichts mehr machen konnte. Ich konnte keinen Fuß vor den anderen setzen, ich war kräftemäßig am Ende." Am 6. Dezember hatte der Landwirt einen Termin beim Scheidungsrichter. Zu diesem Zeitpunkt habe sein Anwalt keine Ahnung gehabt, wie der Vergewaltigungsprozess ausgegangen sei. „Das machte mich stutzig, schließlich war der Termin ja schon fünf Wochen her." Kurz vor Weihnachten, am 19. Dezember 2005, bestellte der Anwalt Glöckner und seine Lebensgefährtin Ulli zu sich. Er sagte: „Ich kann nichts mehr für Sie machen, Sie müssen jetzt mal vier Wochen nach Weiterstadt, dann ist das geklärt." Im Februar kam der Stellungsbefehl zur Meldung im Gefängnis Weiterstadt. Darauf habe gestanden: „Zweieinhalb Jahre Haft, ohne Lockerung für Gewaltstraftäter." Glöckner war völlig am Boden zerstört. Er setzte für 21. Februar 2006 ein Verhandlungsgespräch mit einem dritten Mittelsmann mit ebenfalls engen Verbindungen zu Syngenta fest. Bei allen drei „Verbindungsmännern" zu Syngenta will Glöckner keine Namen nennen – zu mächtig seien diese Personen, zu sehr könnten sie ihm weiteren Schaden zufügen. Zu Tagesbeginn des 21. Februar verabschiedete sich Ulli und wünschte Glöckner „viel Glück". Beim Treffen mit dem „3. Mittelsmann" war Glöckner völlig ergeben: „Ihr könnt alles haben, ich halte keine Vorträge mehr, bin so fertig, ihr könnt alle Bilder haben. Lasst mich in Ruhe, lasst uns in Ruhe", sagte er. Er habe seit November gesehen, dass seine Widersacher am längeren Hebel sitzen und habe nichts anderes als nur noch Frieden haben wollen. Nach jahrelangem Kampf war – vorläufig – sein Widerstand gebrochen. Aber es war zu spät: Der Gefängnisaufenthalt war nicht mehr rückgängig zu machen.

Doch all das sollte zum Nebenschauplatz werden: Seine Lebensgefährtin kam nicht mehr zurück. Stunden wurden zu Ewigkeiten. Dann hielt er das Warten nicht länger aus: „Ich habe 14 Tage nach Ulrike gesucht, Freunde angerufen, Tag und Nacht – nichts." Als er am 6. März ins Gefängnis nach Weiterstadt musste, waren fünf Zentimeter Neuschnee gefallen. „Ich bin wie ferngesteuert hingefahren, habe gedacht, sie lassen mich gleich nach der Meldung raus, um nach Ulli zu suchen." Er ließ die überzähligen Sachen im Auto. „Dann geht die Tür zu und dann ist Schluss. Auf einmal bist du in einer anderen Welt, abseits der

Zivilisation." Am Abend kam ein Beamter und sprach ihn auf sein Auto an. „Das kann doch für vier Wochen stehen bleiben", meinte Glöckner schon etwas vorsichtiger, woraufhin ihn der Beamte fragte, ob er denn nicht auf den Zettel gesehen habe. Der Landwirt berief sich auf seinen Anwalt, der ihm baldigen Freigang versprochen hatte. „Das glaub ich nicht", sei dessen Antwort gewesen. „Da habe ich alles gewusst", fiel es Glöckner wie Schuppen von den Augen, dass sein Anwalt mit ihm ein falsches Spiel getrieben habe. Am 13. April wurde Ulrike in Merseburg, rund 100 Kilometer entfernt von Glöckners Wohnort, tot aufgefunden. Am 18. April fand die Beisetzung statt – ohne Glöckner. Als ihm ein Sozialarbeiter im Gefängnis die tragische Nachricht überbrachte, war der Weltuntergang komplett: „Ich habe wochenlang Rotz und Wasser geheult." Monatelang sei er „blind" gewesen, habe nichts wahrgenommen. Offiziell lautet die Todesursache auf „Selbstmord". Ulrike sei oft depressiv gewesen, habe den ganzen Druck wohl nicht mehr ausgehalten, meint Glöckner.

### „Ich bleibe gerade"

Ebenfalls im April 2006 wurde Glöckner verlegt: nach Butzbach, einem Gefängnis mit höchster Sicherheitsstufe und Schwerverbrechern, die mindestens zwei Jahre sitzen müssen. Neben „schweren Jungs" musste sich Glöckner an zensurierte Post, maximal zwei Besuchstage pro Monat und Haft ohne Freigang gewöhnen: Hatte er wirklich die Strafe eines Gentechnik-Überläufers ausgefasst? Knapp ein Jahr später, am 22. Februar 2007, ging es weiter ins Gefängnis nach Friedberg mit der niedrigeren Sicherheitsstufe 2. Kurz darauf wird sein Anwesen versteigert: 15 der 21 Hektar gehen an die Gemeinde. Am 26. Oktober 2007 öffnen sich wieder die Tore in die Freiheit. Im offiziellen Abschlussgutachten heißt es unter anderem: „… tragen seine Bemühungen teilweise sicher grandiose Züge …", „kein sprachgewandter Blender …" „kein typischer Sexualtäter", „Tatleugner".

Jetzt ist er wieder draußen und will Gerechtigkeit – für sich und für die Landwirtschaft. In mehreren laufenden Gerichtsverfahren will er seine Unschuld ebenso beweisen wie die Schuld von Syngenta. Er hat schmerzlich erlebt, was die Gentechnik anrichten kann und möchte andere von demselben Schicksal bewahren. „Das Ganze ist ein groß angelegter Wirtschaftskrieg. Alles, was sich in den Weg stellt, soll weggeputzt werden." Was immer passiert, Glöckner will weitermachen, bis die Gentechnik in der Landwirtschaft verboten ist. Schließlich habe er das Produkt nicht erfunden: „Es ist viel probiert worden, dass meine Geschichte keine großen Kreise zieht, aber sie haben es nicht geschafft. Ich gehe meinen geraden Weg weiter."

## 3. DIE MANIPULATION DES LEBENS

> *„Gentechnisch veränderte Organismen (GVO) sind Organismen, deren genetisches Material (DNS) so verändert worden ist, wie es auf natürliche Weise durch Kreuzen und/oder natürliche Rekombination nicht möglich ist."*
>
> Definition der Europäischen Union

Die Gentechnik ist alles andere als exakt. Die Übertragung der fremden Gene klappt nur selten und erschafft verkrüppelte Pflanzen und Tiere. Sie geht über alle natürlichen Artgrenzen hinweg und arbeitet mit synthetischen Genen, die so in der Natur nie vorkommen würden. Die Gentechnik fußt auf einer nachweislich falschen „Legobaustein-Theorie" und wird zur Zeitbombe. Wie die moderne Forschung zeigt, ist die Natur nicht nur voller Wechselwirkungen. Wir sind auch nicht Gefangene von richtig oder falsch programmierten Genen. Wir haben es vielfach selbst in der Hand, ob wir gesund oder krank sind.

Dies ist ein grober Beschuss von Zellen. Wenn daraus eine lebensfähige Zelle wird, die das synthetische Gen enthält, hat die Pflanze am Anfang arg verformte Blätter, ein ganz anderes Wurzelsystem und dergleichen. Es ist keine normale Pflanze. Viele Wissenschafter sagen, es ist ein Pflanzenkrüppel. Er hat aber dieses eine fremde Gen und nach und nach entwickelt man ihn weiter durch Rückkreuzungen, durch normale Rückkreuzungszucht. Es wird versucht, das gewünschte Gen drinnen zu behalten und trotzdem eine Pflanze zu bekommen, die einen Ertrag bringt." Nach exakter Züchtung klingt das nicht, was der unabhängige Wissenschafter Werner Müller hier beschreibt. Er beschreibt die Genkanone.[1] Sie ist eines von zwei Verfahren, um fremde Gene in Pflanzen hineinzuzwingen. Die zweite Methode besteht in der Infektion von Pflanzen über ein Bakterium: Ein Bodenbakterium („Agrobacterium tumefaciens"), das normalerweise bei Pflanzen Krebs auslöst, wird als Transportmittel für die Übertragung der fremden Gene benützt.[2] Die Folgen für die Gesundheit von Pflanze, Tier und Mensch sind unabsehbar, wie in den vorangegangenen Kapiteln geschildert. Verkrüppelte Tiere und Pflanzen oder Organismen mit komplett anderen Eigenschaften zeigen, dass die Gentechnik „ein blindes Herumstochern" ist, wie es Beatrix Tappeser, eine Kritikerin der herrschenden Gen-Theorie formuliert.[3] Werden die Pflanzen mit der Genkanone beschossen, so trifft nur ungefähr einer von 1.000 dieser Schrotschüsse „ins Schwarze", also in den Zellkern. Doch selbst wenn der Zellkern getroffen wird, weiß niemand, wo das Fremdgen wirklich gelandet ist. Ähnliches gilt bei der Infektion von Pflanzen mit Bakterien.

Generell ist das mangelnde Wissen rund um den „Kern des Lebens" erschreckend. Noch um die Jahrtausendwende sprach die wissenschaftliche Gemeinschaft offiziell von „Junk-DNS", also von „Erbsubstanz-Müll", wenn sie ihr keine Funktion zuordnen konnte. „Die Gene (Anm.: Erbanlagen) sind (…) in einer Fülle an vermutlich sinnlosem Datenmüll versteckt. Etwa 20.000 Wissenschafter aus aller Welt arbeiten am Human Genome Project, um gemeinsam nach den rund 100.000 menschlichen Genen zu suchen", schrieb Ende 1999 das 3sat-Wissenschaftsmagazin „Nano".[4] Inzwischen weiß auch die offizielle Wissenschaft, dass ohne diesen „Müll" kein Leben funktionieren würde, und hat die Zahl der menschlichen Gene auf 20.500 reduziert – Reis kommt hingegen auf zirka 45.000. „Im Rückblick waren unsere damaligen Annahmen über die Funktionsweise des Genoms dermaßen naiv, dass es fast schon peinlich ist", zeigt sich der bekannte Genomforscher Craig Venter zerknirscht.[5]

Anstatt nach der offiziellen Entzifferung des gesamten menschlichen

Genoms im Jahr 2003 Antworten auf bislang ungeklärte Fragen zu bekommen, herrscht Unwissenheit vor: „Wir haben tatsächlich ein armseliges Verständnis davon, was ein Gen tatsächlich macht und wo und wann es dies tun sollte. Man kann das gesamte Genom verstehen und immer noch weniger als ein Prozent davon verstehen, was in einer Zelle vorgeht", erklärte der Bio-Informatiker Eric Neumann am 24. Februar 2003 in der US-Tageszeitung „Boston Globe".[6] „Die Funktion der meisten Gene ist derzeit nicht bekannt", gibt auch die US-Regierung 2009 offiziell zu.[7]

Risikoforscher Müller: „Ist keine normale Pflanze."

Biotechnologe Moser: „Gen ist etwas Lebendiges."

Neben der großen Unwissenheit ist das Gentechnik-Experiment vor allem wegen der falschen, völlig unwissenschaftlichen Gentechnik-Theorie untragbar. Um eine gewünschte Eigenschaft zu erzeugen, wird ein fremdes Gen bzw. werden mehrere fremde Gene eingefügt. Um eine unerwünschte Eigenschaft zu entfernen, wird ein Gen stillgelegt. „Ein Gen steht für ein Eiweiß bzw. ein Gen steht für eine Eigenschaft", wird damit unterstellt. Doch die Natur ist kein Legobaukasten, Gene sind keine Legobausteine. Der kritische Biotechnologe Anton Moser erklärt, warum: „Es existieren viele Wechselwirkungen mit benachbarten Genen und auch mit der Umgebung – ein Gen ist nämlich mehr als reine Materie, es ist ein Stück Lebendiges!"

Mit ihrem inzwischen widerlegten Weltbild überschreiten die Wissenschafter im Dienste multinationaler Konzerne alle natürlichen und auch ethischen Grenzen. In der Natur können sich nur gleiche oder verwandte Arten vermehren bzw. kreuzen. Mit der Gentechnik werden erstmals die Gene (= die Träger der Erbinformation) zwischen Pflanze, Tier und Mensch nach Belieben vermischt. Dabei werden keine „natürlichen", sondern synthetische Gene verwendet. „Synthetische Gene sind menschengemacht und kommen in keinem Organismus auf dem Planeten vor. Sie sind neu für das Immunsystem“, erklärt Risikoforscher Müller. Es entstehen Mischwesen. Daher ist die Gentechnik keine Weiterentwicklung der Züchtung, wie Befürworter immer wieder behaupten. Sie bringt Wesen hervor, wie es sie in der Natur nie gegeben hätte. Eingebracht wird in den Organismus nicht nur das Fremdgen, sondern ein ganzes Genkonstrukt, auch als „Genkassette“ bezeichnet. Im einfachsten Fall besteht es aus einem Promotor (Anschalt-Gen), dem Fremdgen, einem Terminator (Ausschalt-Gen) und meist einem Antibiotikaresistenz-Gen.

- Der **Promotor** ist der DNS-Abschnitt vor dem Gen, der die Produktion des neuen Eiweißes startet. Es gibt Promotoren mit genereller Wirksamkeit, von welchen der des Ca(uliflower)M(osaic) V(irus) (Blumenkohl-Mosaik-Virus) besonders aggressiv ist und daher bisher bei den meisten gentechnischen Veränderungen eingesetzt wird. Er sorgt dafür, dass die Pflanze in fast all ihren Zellen (Wurzeln, Blätter, Blüte) ununterbrochen das gewünschte Eiweiß produziert – zum Beispiel das Gift des Bacillus thuringiensis (Bt-Gift). Wenn die Pollen der genmanipulierten Pflanze eine andere Pflanze bestäuben, so wird die Hälfte der Nachkommen auch dieses Eiweiß produzieren.
- Das **Fremdgen**, das dem Organismus eine andere Eigenschaft verleihen soll, ist, für sich betrachtet, bereits stark verändert – sonst könnte sie von der Pflanze nicht richtig abgelesen werden.
- Als **Terminator**, der das Ende eines Gens anzeigt und die „Eiweißproduktionsphase“ beendet, wird bei den meisten genmanipulierten-Pflanzen der NOS-Terminator (Nopalin Synthase) aus dem Bodenbakterium Agrobacterium tumefaciens verwendet. Das Agrobacterium besitzt ein ringförmiges DNS-Molekül = Plasmid, in diesem Fall das Ti-Plasmid (Tumor-inducing). Dieses verursacht Zellwu-

cherungen – also Krebs – an Pflanzenwurzeln (Wurzelhalsgalle). Bei der Infektion einer Pflanzenzelle wird die genetische Information aus dem Ti-Plasmid an beliebiger Stelle in das Pflanzengenom eingebaut.

- **Antibiotikaresistenz-Gene** dienen nur zur Überprüfung, ob die Genkassette im Zellkern eingebaut wurde. Sie haben sonst keine Funktion in der heranwachsenden oder ausgewachsenen genmanipulierten Pflanze. Andererseits besteht die Gefahr, dass durch den Verzehr von Gentechnik-Pflanzen Antibiotika schlechter wirken.

Was noch dazukommt: Das in die Pflanze eingebaute Gen bzw. die Genkassette schaut meist ganz anders aus, als es die Wissenschafter erwartet haben. So war das Bt-Gift-Gen des MON 810-Genmaises von Monsanto in Wirklichkeit kürzer, als es hätte sein sollen, und der Terminator fehlte ganz.

## Zeitbombe Genkassette

Egal ob Fremdgen, Antibiotika-Resistenzgen, Promotor, Terminator mit Plasmid: Jeder Teil der eingefügten Genkassette scheint für sich eine Zeitbombe zu sein. Besonders dürfte dies für Plasmide zutreffen: Sie kommen in der Natur nur in Bakterien vor, nicht jedoch in höheren Lebewesen wie beim Menschen. Sie können sich unabhängig vom Erbgut vermehren und damit Gene auf andere Organismen übertragen. Das macht sie für die Gentechnik unverzichtbar – auch beim Einsatz der Genkanone wird die abgefeuerte Genkassette mit einer Plasmid-DNS beschichtet.

Der deutsche Virologe Stefan Lanka beschreibt die besondere Problematik: „Diese Plasmide fügen sich, weil sie kreisförmig sind und punktgenauen Kontakt mit den Chromosomen haben, in die DNS der Menschen, der Tiere und der Pflanzen ein. Das Einfügen von Plasmiden in die Chromosomen von Menschen, Tieren und Pflanzen bewirkt aus zwei Gründen deren Zerstörung:

*Erstens:* Durch das Brechen der Chromosomen bei der Zellteilung. Denn die Verdopplung der Chromosomen vor der Zellteilung wird durch die Anwesenheit fremder und vor allem aktivierter DNS verhindert bzw. erschwert.

*Zweitens:* Auch fern von der Einfügungsstelle verändert sich durch den massiven energetischen Eingriff der Einfügung fremder und zudem aktivierter DNS die chemische Zusammensetzung der Chromosomen, sodass es zu massiven Funktionsausfällen auf allen Ebenen des Stoffwechsels kommt, die nicht vorhersehbar sind. (…) Seit Beginn der Freisetzung von Plasmiden mit aktivierter DNS durch die Gentechnik ist bekannt, dass sich diese fremde DNS auch in den Eizellen und Spermien festsetzt, das heißt in der Keimbahn der potenziell unsterblichen Zellen. Sie befindet sich dann in allen Zellen der sich daraus entwickelnden Menschen, Tiere oder Pflanzen. Das bewirkt massive Missbildungen und verhindert die Entwicklung zur Geschlechtsreife."[8] „Aktivierte DNS" ist laut Lanka mit Molekülen versehen, die den Stoffwechsel zwingen, die Eiweißproduktion zu beginnen – was es in der Natur nicht gäbe.

Zwar war schon bisher in einzelnen Fällen das Hinweggehen über Artgrenzen möglich – wie bei der Kreuzung von Esel und Pferd (Maulesel bzw. Maultier) oder von Weizen und Roggen (Triticale). Doch handelt es sich hier einerseits um verwandte Arten und hat andererseits die Natur hier Schranken eingebaut: Die Kreuzungsnachkommen bleiben weitgehend unfruchtbar. Mit der Genmanipulation aber werden alle natürlichen Schranken außer Kraft gesetzt. Es entstehen Organismen, die die Natur nie hervorgebracht hätte, und diese können sich weitervermehren. Bei der herkömmlichen Zucht – auch wenn manche Formen noch so bedenklich sein mögen – wird der Phänotyp der Pflanze oder des Tiers verändert, also das Erscheinungsbild. Beim Einsatz der Gentechnik wird direkt in die Erbinformation eingegriffen und damit erstmals der Genotyp verändert, also die Gene eines Organismus. Es wird in die in der DNS codierten genetischen Informationen direkt eingegriffen.

## Gene sind nicht alles

Die Gentechnik begründet sich also auf einer falsche Theorie. Ein Gen steht nicht für ein Eiweiß und in den Genen ist auch nicht unser Schicksal gespeichert – es gibt keine „Genastrologie". Licht ins Dunkel bringt die Epigenetik, die Wissenschaft von den Mechanismen, mit denen die Umgebung die Genaktivität steuert. Wie der Wissenschafter und Vorreiter der Epigenetik Bruce Lipton herausgefunden hat, entspricht der Zellkern mit den Genen nicht dem Gehirn der Zelle, sondern „ihren" Keimdrüsen. Denn entfernt man die Zellkerne, so leben die Zellen etliche Wochen weiter, können sich aber nicht mehr teilen. „Die Epigenetik hat festgestellt, dass die DNS in unseren Genen zum Zeitpunkt der Geburt noch nicht vollständig festgelegt ist. Gene bestimmen also nicht unser Schicksal!", so Lipton.[9]

## Die Epigenetik ist inzwischen in der Wissenschaft anerkannt

Die deutsche Wissenschafterin und Bioethikerin Regine Kollek: „Heute ist eigentlich unbestritten, dass nicht die Gene die Lebensprozesse steuern. (…) Das ist eine völlige Umkehrung der Hierarchie. Die Gene sind wichtig für die Herstellung von Proteinen, doch eigentlich sind sie Moleküle wie alle anderen auch. Sie werden von der Zelle aktiviert, wenn ihre Produkte benötigt werden."[10] Es gibt Gene, die für viele verschiedene Proteine codieren, manche Gene sind gar nicht aktiv, andere zerstückelt auf mehrere Stellen im Erbgut verteilt. Der Begriff „Gen" verflüchtigt sich immer mehr, heißt es im Buch der Wissenschafterin Fleurine Koechlin. Anfang 2009 publizierten Forscher unter der Leitung von Junko Arai von der Tufts University in Boston Erkenntnisse aus Mäuseversuchen, dass Mütter nicht nur ihr Erbgut, sondern auch Spuren von Erfahrungen an ihre Nachkommen vererben.[11]

# 4. WELTLAGE: WENN PROPHETEN IRREN

> *„Gen-Food ist das Essen der Zukunft. Wer in zehn Jahren Lebensmittel essen will, die nicht genmanipuliert sind, muss verhungern oder sehr reich sein ..."*
>
> *Helmut O. Maucher, Ex-Nestlé-Präsident, „Bunte", Ausgabe 34/1997*

Die Prophezeiungen der Gentechnik-Propheten sind nicht eingetreten. In Europa gehen die Anbauflächen sogar stark zurück, auch in den USA ist ein erstes zartes Umdenken zu erkennen. Dennoch ist ein Dammbruch noch nicht ausgeschlossen.

Die Gentechnik-Situation in Kürze:

*WAS* kommt in großen Mengen genmanipuliert auf die Felder?
Soja, Mais, Raps, Baumwolle, Zuckerrüben (USA)
*WO?* Weltweit: USA, Argentinien, Kanada, Brasilien, Indien, China
Europa: Spanien, Tschechien, Portugal, Rumänien, Slowakei
*WIE?* Pflanzen überleben Gifte oder produzieren sie
*WIE VIEL?* 125 Mio. ha (2008), 9 Prozent der weltweiten Ackerfläche
*WER?* Monsanto; Dow Chemical, Du Pont, Syngenta, Bayer, BASF; KWS

Als 1996 der kommerzielle Anbau von Gentechnik-Pflanzen startete, wurde allgemein ein rascher, weltweiter Durchbruch erwartet. Nach genau einem Jahrzehnt hat sich obige Aussage von Ex-Nestlé-Chef Maucher für Europa nicht bewahrheitet. Noch sind die Äcker Europas weitgehend frei von Gentechnik. Wie es weitergeht, wird vom Ausmaß des zivilen Widerstands abhängen. Wir stehen derzeit zweifellos am Scheideweg, an dem die entscheidende Frage lautet: Wollen wir aus den bisherigen Erfahrungen, vor allem jenen in Amerika, unsere Lehre ziehen oder nicht?

## Die Pflanzen

Soja, Mais, Raps und Baumwolle waren die vier Pflanzenarten, die weltweit als erstes 1996 kommerziell freigesetzt wurden. Dass es zehn Jahre lang dabei blieb, gilt als Sensation. Heftigen Protesten von Bauern und Konsumenten war es zu verdanken, dass Gentechnik-Konzerne die bereits geplante Einführung wieder zurückzogen – wie z. B. bei Weizen oder Flachs. Nahezu unbemerkt von der Weltöffentlichkeit gelang der Gentechnikindustrie 2008 jedoch ein großer Coup: Mit einem Schlag waren über 250.000 ha und damit die Hälfte der Zuckerrüben-Fläche in den USA genmanipuliert. 2009 waren es bereits 90 Prozent oder 450.000 ha.[1] Fast jeder US-Amerikaner isst jeden Tag große Zuckermengen. Jetzt gibt es vor der Gentechnik kaum noch ein Entkommen. Alles liegt nun in einer Hand – in der Hand des Monsanto-Konzerns. Der biologische Saatgutzüchter Frank Morton aus Oregon spricht Klartext: Der gesamte Sektor der industriellen Zuckerverarbeiter habe ohne Gegenstimme auf Gentechnik umgestellt, um konventionellen Zuckerkunden jede Wahlmöglichkeit zu nehmen.[2] Morton war es auch, der zusammen mit Verbraucher-, Bio- und Umweltverbänden das US-Landwirtschaftsministerium verklagte – weil die möglichen Umweltauswirkungen der genmanipulierten Zuckerrüben nicht untersucht wurden.[3] Im September 2009 gab ihm ein Gericht in San Francisco recht. Ein – zumindest befristetes – Verbot steht im Raum. Ein solches konnte bereits 2007 bei genmanipulierten Luzernen – einem Futtermittel – erreicht werden.[4]

Das Zuckerrüben-Beispiel zeigt drastisch: Der Dammbruch könnte immer noch bevorstehen. Für Versuchszwecke wurden fast schon jede Pflanzenart und viele Tierarten genmanipuliert. Dementsprechend sind kommerzielle Zulassungen für so gut wie jede Pflanze denkbar. Jeder Landwirt, jeder Gartenbesitzer, jeder Konsument läuft Gefahr, mit der Gentechnik in Kontakt zu kommen, wenn sie nicht schnell generell verboten wird. Niemand kann eine Verbreitung genmanipulierter Pflanzen über Pollenflug verhindern – Wind und Insekten halten sich an keine EU- oder andere Vorschriften.

## Die Länder

1996 waren sich die Mächtigen sicher, dass sich die Gentechnik rasend schnell rund um die Welt verbreiten und sich kein Land gegen die Freisetzung dieser Pflanzen auf Dauer wehren würde. Doch auch hier lief es für die Konzerne nicht nach Plan: Laut der in enger Verbindung zur Gentechnikindustrie stehenden Organisation ISAAA (International Service for the Acquisition of Agri-biotech Applications) erfolgte 2008 der kommerzielle GVO-Anbau in 25 Ländern. Insgesamt wuchsen „Genpflanzen“ bereits auf rund acht Prozent der globalen Agrarfläche – wobei sich der großflächige Einsatz wiederum auf einige wenige Länder beschränkt: Unangefochtene Nummer eins sind die USA mit 62,5 Mio. Hektar, das ist die Hälfte aller weltweiten Gentechnik-Anbauflächen. Dahinter folgen Argentinien mit 21 und Brasilien mit 15,8 Mio. Hektar. Fast 80 Prozent der weltweiten Gentechnik-Ernten werden in diesen drei größten Ländern eingefahren.
In der EU zeigt der entschlossene Gentechnik-Widerstand der Menschen gegen die Regierenden hingegen Früchte: Seit 2005 gehen die Anbauflächen zurück, von 2008 auf 2009 sogar in fast allen Ländern, insgesamt um 20 Prozent. Anstatt durchzumarschieren müssen die Gentechnik-Konzerne ein Länderverbot nach dem anderen hinnehmen. Nach den kleinen Ländern zogen 2008 Frankreich und 2009 Deutschland nach. Sogar im „Musterland Spanien“ schrumpfte der Genmais-Anbau 2009 um fast 10.000 ha. 2009 war in der EU „nur“ der Genmais MON 810 zum Anbau zugelassen.

## Die Gentechnik-Konzerne

Der Markt ist fest in der Hand von wenigen Konzernen, wobei wiederum einer alles dominiert: Monsanto mit einem Weltmarktanteil von knapp 90 Prozent. Doch auch die Chemieriesen Syngenta, Dow Chemical, BASF, Bayer und DuPont investieren große Summen in die Entwicklung von Gensaaten. Monsanto ist nicht nur der größte Gensaat-, sondern

**EU: Gentechnik-Anbauflächen 2007 bis 2009** (ausschließlich Genmais)

| Land | Fläche 2007 | Fläche 2008 | Fläche 2009 (vorläufig) |
|---|---|---|---|
| Spanien | 75.148 ha | 79.269 ha | 70.000 |
| Frankreich | 21.147 ha | - | - |
| Tschechien | 5.000 ha | 8.380 ha | 7.000 |
| Portugal | 4.500 ha | 4.851 ha | 5.000 |
| Deutschland | 2.685 ha | 3.173 ha | - |
| Slowakei | 900 ha | 1.900 ha | 875 |
| Rumänien | 350 ha | 7.146 ha | 3.400 |
| Polen (illegal) | 320 ha | 3.000 ha | ? |
| **Summe** | **110.050 ha** | **107.725 ha** | **86.275 ha** |

Quellen: Industrieverband EuropaBio (2008), USDA/Foreign Agriculture Service (2009), veröffentlicht auf transgen.de
http://www.transgen.de/anbau/eu_international/643.doku.html

überhaupt der größte Saatgutproduzent der Welt: Mit einem Umsatz von exakt 5 Milliarden Dollar beherrschte Monsanto 2007 bereits 23 Prozent des weltweiten Saatgutmarktes.[5] Alle Gensaat-Konzerne sind gleichzeitig Chemiekonzerne und die meisten haben auch enge Verbindungen zur Pharmabranche. Bayer ist das beste Beispiel dafür. Syngenta stammt vom Pharmariesen Novartis ab, Monsanto und BASF waren bis vor wenigen Jahren selbst auch im Pharmabereich tätig.

## Die Art der Manipulation

- 63 Prozent der im Jahr 2008 ausgebrachten GVO werden als „herbizidresistent“ bezeichnet – sie überleben die Spritzung mit einem Totalpflanzengift, das sonst jede andere Pflanze umbringt.
- 15 Prozent sind „insektenresistent“. In Wahrheit sind sie nichts anderes als Giftpflanzen: Sie produzieren selbst ein Insektengift, um Schädlinge zu töten.

Gesundheitsbedenkliches Gift für giftverträgliche „Genpflanzen"

- 22 Prozent sind eine Kombination aus beidem.[6]

Somit ist Gentechnik eine reine Gifttechnik geblieben. Noch ist nichts von den längst versprochenen GVO der „zweiten Generation" zu sehen, die mit erhöhtem Nährstoff- und Vitamingehalt auch Vorteile für den Konsumenten haben sollen.

**Welt: Gentechnik-Anbauflächen nach Pflanzenarten 2007**

| Pflanzenart | Fläche | Anteil |
|---|---|---|
| Gensoja | 58,6 Mio. ha | 64 % der globalen Soja-Anbaufläche |
| Genmais | 35,2 Mio. ha | 24 % der globalen Mais-Anbaufläche |
| Genbaumwolle | 15 Mio. ha | 43 % der globalen Baumwoll-Anbaufläche |
| Genraps | 5 Mio. ha | 20 % der globalen Raps-Anbaufläche |
| Summe | ca. 114 Mio. ha | |

(Quelle: ISAAA, Clive James 2008)

## Welt: Gentechnik-Anbauflächen nach Ländern 2008

| Land | Genmanipulierte Pflanzen | Fläche |
|---|---|---|
| USA | Soja, Mais, Raps, Baumwolle, Zuckerrüben; Zucchini und Papaya in kleinem Umfang | 62,5 Mio. ha |
| Argentinien | Soja, Mais, Baumwolle | 21,0 Mio. ha |
| Brasilien | Soja, Baumwolle, Mais | 15,8 Mio. ha |
| Kanada | Raps, Mais, Soja, Zuckerrüben | 7,6 Mio. ha |
| Indien | Baumwolle | 7,6 Mio. ha |
| China | Baumwolle, angeblich auch Tomaten, Pappeln, Petunien, Papaya, Paprika (ohne offizielle Bestätigung) | 3,8 Mio. ha |
| Paraguay | Soja | 2,7 Mio. ha |
| Südafrika | Mais, Soja, Baumwolle | 1,8 Mio. ha |
| Uruguay | Soja, Mais | 0,7 Mio. ha |
| Bolivien | Soja | 0,6 Mio. ha |
| Philippinen | Mais | 0,4 Mio. ha |
| Australien | Baumwolle, Nelken, Raps | 0,2 Mio. ha |
| Spanien | Mais | 0,1 Mio. ha |
| Mexiko | Baumwolle, Soja | 0,1 Mio. ha |
| Kolumbien | Baumwolle | unter 0,05 Mio. ha |
| Chile | Mais, Soja, Raps | unter 0,05 Mio. ha |
| Honduras, Burkina Faso, Ägypten, Tschechien, Portugal, Deutschland, Slowakei, Rumänien; Polen (illegal) | Mais | jeweils unter 0,05 Mio. ha |
| **Summe** | | **125 Mio. ha** |

(Quelle: Gentechnik-Lobbyverband ISAAA, Clive James 2008)

## Gift für die Pflanzen

Versprochen wurde viel von der Gentechnik-Industrie: Geringerer Spritzmittelverbrauch, höhere Erträge, gesündere Pflanzen, da sie „sich gegen Schädlinge schützen". Das sollte erst der Anfang sein: Die so genannte zweite und dritte Generation der Gentechnik-Pflanzen soll mehr Vitamine, Mineralstoffe und Spurenelemente enthalten, Pharma-Wirkstoffe oder Chemikalien produzieren oder als erneuerbare Energieträger eingesetzt werden. Damit sollen der Hunger in der dritten Welt ebenso bekämpft werden wie der Treibhauseffekt. Gesündere Nahrungsmittel werden ebenso versprochen wie billigere Medikamente. Heerscharen von PR-Spezialisten sollten dafür sorgen, dass kein negatives Image auf der Gentechnik haften bleibt: Statt „genmanipuliert" wurden die Pflanzen auf einmal als „gentechnisch modifiziert" oder gar „gentechnisch verbessert" bezeichnet, bei jeder Gelegenheit wurde das Wort „Gentechnik" durch „Biotechnologie" ersetzt – schließlich klingt „Bio" immer gut. Dabei wurde die Tatsache unter den Tisch gekehrt, dass die Gentechnik nur einer von acht Teilbereichen der Biotechnologie ist und deshalb eine Gleichsetzung der beiden Bereiche nicht zulässig ist. Schließlich hat die Jahrtausende alte Kunst Bier zu brauen nichts mit der Tätigkeit zu tun, die Erbanlagen von Pflanze, Tier und Mensch zu vermischen. Stattdessen wurde dafür gesorgt, dass Gentechnik-Skeptiker für dumm hingestellt wurden, wenn sie von „genfreien" Lebensmitteln sprachen.

**1) „Weniger Spritzmittelverbrauch":** Die weltgrößten Hersteller von Pestiziden = Agrargiften sind gleichzeitig auch Anbieter von Gentechnik-Saatgut. Teilweise werden sie auch im Doppelpack verkauft wie das Totalpflanzengift „Roundup®" und die Gensaat „Roundup-Ready®" von Monsanto, die als einzige Pflanze dieses Gift verträgt. Warum diese multinationalen Konzerne an einer Reduktion des Spritzmitteleinsatzes interessiert sein sollen, schien von Anfang an rätselhaft. Schließlich ist es deren Aufgabe, Gewinne zu maximieren.

Das unterstrichen auch mehrere Studien des US-Landwirtschaftsexperten Charles Benbrook: So verursachten Gentechnik-Pflanzen in den ersten 13 Jahren ihrer Anwendung in den USA einen Spritzmittel-Mehrverbrauch von rund 145.000 Tonnen. Der Wissenschafter verwendete dabei nur offizielle Zahlen des US-Landwirtschaftsministeriums. Lediglich in den ersten Jahren war der Gifteinsatz gesunken, dann stieg er im Vergleich zu konventionellen Pflanzen laufend an. Allein im Jahre 2008 hätten die Landwirte mit gentechnikfreien Sorten über 41.000 Tonnen Pestizide gespart – das ist mehr als der gesamte Spritzmittelverbrauch Deutschlands.[7]

In Argentinien wurden nach acht Jahren pro Hektar Gensoja-Feld um über 60 Prozent mehr gespritzt als bei gentechnikfreier Soja. Da sich Superunkräuter bildeten, die entgegen aller Voraussagen das Totalpflanzengift vertrugen, griffen die Bauern zum Teil auf noch stärkere Chemiekeulen zurück. Was ist nun das Rezept der Konzerne gegen die Superunkräuter? Monsanto-Chef Hugh Grant (nicht zu verwechseln mit dem gleichnamigen Schauspieler): „Wir haben angefangen, unser Saatgut so zu verändern, dass es mehr Herbizide verträgt."[8] Mehrere manipulierte Gene also, um verschiedene Gifte spritzen zu können.

Die weltweit tätige „International Survey of Herbicide Resistant Weeds" listet inzwischen 16 verschiedene Superunkräuter weltweit auf, die gegen Glyphosat oder ähnliche Wirkstoffe resistent sind. Laut einer Reportage des Nachrichtenkanals „France 24" wurden die am schlimmsten betroffenen Felder teilweise mit der Hand von Unkraut befreit.[9] Monsanto empfiehlt, Glyphosat gemeinsam mit Giften wie 2,4-D – Bestandteil des berüchtigten, im Vietnamkrieg eingesetzten Entlaubungsmittels Agent Orange – zu spritzen. Viele Bauern geben demnach auf oder greifen wieder zu gentechnikfreier Soja: Erstmals seit ihrer Einführung ging 2009 in den USA der Anteil von Gensoja leicht zurück – von 92 auf 91 Prozent der landesweiten Soja-Anbaufläche.[10]

**2) „Höhere Erträge“:** Jahrelang trommelte die Propagandamaschinerie der Gentech-Lobby, dass genmanipulierte Pflanzen höhere Erträge hätten als konventionelle. Sie war dabei sehr erfolgreich, schließlich glauben das auch die meisten Gentechnikgegner. Doch das Gegenteil ist wahr: „Gegenwärtig erhältliche gentechnisch veränderte Pflanzen erhöhen nicht das Ertragspotenzial einer Hybridsorte. In Wirklichkeit kann der Ertrag sogar sinken, wenn die Sorten, die die herbizidtoleranten oder die insektenresistenten Gene tragen, nicht die ertragreichsten sind.“ Das erklärte niemand geringerer als das US-Landwirtschaftsministerium in der Bilanz der ersten zehn Gentechnikjahre.[11] Als eine dreijährige Studie in Kansas rund zehn Prozent niedrigere Erträge von Gensoja gegenüber konventionellen Sorten auswies, zeigte sich Monsanto nur über die Höhe überrascht: Dieses Soja sei nicht entwickelt worden, um Erträge zu steigern, zitierte der britische „The Independent“ im April 2008 den Konzern.[12] Studien zeigen besonders bei Gensoja konstant niedrigere Erträge als bei konventionellen Sorten – um vier bis zwölf Prozent.[13] Bei extremer Trockenheit wurde sogar ein Unterschied von 25 Prozent festgestellt. Die Verluste der US-Sojabohnenindustrie werden insgesamt auf deutlich über eine Mrd. Dollar geschätzt.[14] Was den „Gensoja-Bauern“ besonders in der Saison 2008 zusätzlich zu schaffen machte, war die Verdoppelung des Preises für das ihnen vorgeschriebene Spritzmittel mit dem Wirkstoff Glyphosat. Bei Mais und Raps existieren ähnliche Studien, jedoch ist die Situation nicht ganz so eindeutig. Wenn es gelang, so waren die Ertragssteigerungen, etwa bei Genmais, über die Jahre gesehen minimal, fasst ein zusammenfassender Bericht der „Union of Concerned Scientists“ über 24 bislang veröffentlichte Studien zu Genmais und Gensoja zusammen.[15]

**3) „Gesündere Pflanzen, weil sie sich ‚selbst schützen‘ können“:** Untersuchungen lassen auf das Gegenteil schließen – nämlich auf eine „minderwertige Nährstoffqualität“, wie US-Ökonom Benbrook in seinem Bericht über Argentinien schreibt. Ein US-Wissenschafterteam verglich die

Qualität von Sojabohnen und Sojabohnenmehl aus Argentinien, USA, Brasilien, China sowie Indien. Mit Abstand am schlechtesten schnitt mit Argentinien das Land ab, wo fast ausschließlich genmanipulierte Sojabohnen kultiviert werden: Der (Roh-)Proteingehalt belief sich hier auf 32,6 Prozent, während bei den gentechnikfreien brasilianischen 39,3 und bei den chinesischen 44,9 Prozent gemessen wurden. Auch der Gehalt einiger essenzieller Aminosäuren war in den argentinischen Sojabohnenprodukten beträchtlich geringer als in Sojabohnen, die in anderen Ländern wuchsen. Dies bestätigt auch der bayerische Futtermittelhändler Josef Feilmeier: Da bei Sojafütterung für Tiere der Rohproteingehalt entscheidend ist, hat gentechnikfreie Ware ein besseres Kosten-Nutzen-Verhältnis als genmanipulierte.

## 5. KOEXISTENZ = KOSTET EXISTENZ

> *Obwohl ein Drittel eines Jahrhunderts und mehr als 350 Milliarden Dollar in den Plunder investiert wurden, bleibt ein Wirbelsturm präziser vorhersehbar und ein Flächenbrand besser kontrollierbar als gentechnisch veränderte Organismen.*
>
> *Ignacio Chapela, Universität Berkeley, März 2007*

Mit dem Zauberwort „Koexistenz" wollen die EU-Verantwortlichen etwas vortäuschen, was es gar nicht gibt: Ein Nebeneinander von Gentechnik-, konventionellem und biologischem Anbau. Da sich Gentechnik-Pflanzen unweigerlich z. B. über Pollenflug auskreuzen, sind Koexistenz-Regeln der Freibrief zur totalen Verschmutzung gentechnikfreier Felder und Nahrungsmittel. Koexistenz kostet den Bauern ihre Existenz. In Kanada gibt es z. B. keinen gentechnikfreien Raps mehr. Auch Bio ist hochgradig gefährdet. Am allerwichtigsten ist es, jegliches Saatgut gentechnikfrei zu halten. Österreich ging in diesem Punkt mit positivem Beispiel voran und zeigte, dass nur eine Nulltoleranz – also 0,0 Prozent Verschmutzung – erfolgreich sein kann.

Sie schwingen sich zu den neuen Herren der Welt auf: „Die „Triffids", lauffähige Giftpflanzen, die schier überall sind und der Zivilisation ein jähes Ende zu bereiten drohen, dem sich nur ein kleines Häuflein wehrhafter Zeitgenossen entgegenstemmt …„[1] So lautet eine Kurzbeschreibung des 1951 erschienenen Science-Fiction-Romans von John Wyndham. 45 Jahre später begannen kanadische Bauern, genmanipulierten Flachs mit dem gleichen Namen anzubauen. 2001 sollte es für

„Triffid“ wieder vorbei sein: Er wurde aus der Sortenliste gestrichen und so von den Äckern verbannt. Doch Jahre später tauchten seine Früchte, genmanipulierte Leinsamen, überall auf der Welt auf – bis Ende 2009 wurde in 36 Ländern Alarm geschlagen. Der gesamte europäische, 200 Mio. Euro starke Markt geriet in Gefahr:[2] „Wenn die kanadische Leinsamen-Industrie überleben und wieder auf die Beine kommen will, muss jede nur denkbare Anstrengung unternommen werden, um die Quellen dieser Verunreinigung zu finden und zu eliminieren“, schrieb die kanadische Leinsamen-Vereinigung 2009 an ihre Mitglieder.[3]

**Es ist wie bei der Ballade vom Zauberlehrling:** Die gerufenen Geister sind kaum noch loszubekommen. So war es auch beim Genreis-Skandal des Aventis-Konzerns. Auf wenigen, angeblich streng gesicherten Versuchsfeldern setzte dieser zwischen 1998 und 2001 in den USA die Reissorte „Liberty Link 601“ frei. Danach wurden die Versuche gestoppt und keine Zulassung zum kommerziellen Anbau beantragt. Doch im September 2006 wurde „LL601“ rund um die Welt in Packungen mit US-Langkornreis gefunden. Rund 20 Prozent aller untersuchten Proben in Europa waren verseucht. Der Reispreis fiel augenblicklich und die Importe nach Europa und Asien wurden weitgehend gestoppt. Greenpeace schätzte den Gesamtschaden auf rund eine Mrd. Dollar, mehr als 1.000 Bauern klagten.[4] Der nun verantwortliche Bayer-Konzern, der Aventis aufgekauft hatte, wies in einem Schreiben alle Schuld von sich: Es handle sich um einen „Akt Gottes“, vielmehr sei den Bauern „eigene Fahrlässigkeit, Unachtsamkeit“ vorzuwerfen.[5] Doch Thailand und Vietnam, zwei der bedeutendsten Reisexporteure der Welt, zogen die Konsequenzen: Sie verpflichteten sich, im Rahmen eines Moratoriums keinen Genreis anzupflanzen.

**Noch teurer kam der StarLink™-Skandal:** Eine Milliarde Dollar kostete alleine die Rückholaktion, 300 Produkte waren betroffen. Geschädigte

Bauern erhielten 120 Mio. Dollar für Verdienstausfälle und neun Mio. Dollar wurden an Konsumenten gezahlt, die nach eigenen Angaben seit dem Verzehr unter Allergien litten. Der nur als Futtermittel zugelassene Genmais war in den Lebensmittelkreislauf gelangt. Ans Tageslicht kam dies im September 2000, doch die Behörde hatte bereits 1998 davon gewusst, wie US-Senator Dick Durbin aufdeckte. Aventis erklärte am 21. März 2001, dass StarLink™ nie wieder aus den Nahrungsmitteln verschwinden werde.

Nicht viel besser gingen die Verantwortlichen auf der anderen Seite des Atlantiks mit wichtigen Informationen um: „Da es sich um eine sensible Angelegenheit handelt, schlage ich vor, den Bericht nur für den internen Gebrauch der Kommission zu nützen", erklärte Barry McSweeney, Direktor der hauseigenen Forschungsstelle „Joint Research Centre", seinen Chefs in der EU-Kommission. McSweeney hatte gerade mit seinen Kollegen die Auswirkungen eines Gentechnik-Anbaus auf die traditionelle Landwirtschaft unter die Lupe genommen. Sobald Gentechnik angebaut wird, gibt es keine sauberen Äcker mehr, so das Ergebnis. Schließlich gelang es Greenpeace im Jahr 2002, die Daten plus das geheime Schreiben aufzudecken.

Doch die EU-Kommission zeigte sich alles andere als beeindruckt. Der Begriff „Koexistenz" wurde erst recht eingeführt. Ein friedliches Nebeneinander von biologischer, konventioneller und Gentechnik-Landwirtschaft sollte damit vorgetäuscht werden. In Wirklichkeit ist Verschmutzung gemeint. Gleichzeitig hoffte man, die Gentechnik-kritische Bevölkerung – unter dem Motto der „Wahlfreiheit" – zum Verstummen zu bringen. Als erstes wurden im Juli 2003 die „Leitlinien zur Koexistenz" veröffentlicht. Der damalige Agrarkommissar Franz Fischler betonte, dass „eine verantwortungsvolle Anwendung der Biotechnologie große Chancen für den europäischen Agrarsektor" biete. Es gäbe eine Reihe von Möglichkeiten, um eine Vermischung von genmanipulierten und gentechnikfreien Pflanzen zu verhindern, unter anderem „Pollenbarrieren, wie zum

Beispiel Hecken".[6] Die Frage, wie Hecken Bienen oder den Wind an der Verbreitung von Pollen hindern sollen, blieb Fischler jedoch schuldig. Der Ball für die Umsetzung von Koexistenz-Maßnahmen wurde an die Mitgliedsländer weitergespielt, die diesem Thema auch Jahre später hilflos gegenüberstehen. Kein Wunder; Wie soll man Gesetze über etwas machen, was es gar nicht gibt?

Ein Landwirt machte sich Gedanken über den Vorschlag der EU-Kommission: Der Kärntner Biobauer Volker Helldorff. Nachdem ihm aber niemand sagen konnte, wie eine Pollenbarriere aussieht, erfand er selbst eine. Er stellte ein riesiges Transparent auf seinem Grundstück entlang der Packer Bundesstraße auf, mit der Aufschrift „Keine Sau will Genfraß" – und es wirkte: Binnen einer Woche erhielt er zwei Anzeigen. Sogar ein landwirtschaftlicher Sachverständiger rückte aus, um die Wirksamkeit dieser Blütenstaubfangvorrichtung zu beurteilen. Er bezweifelte die Wirksamkeit, konnte aber auch keine bessere empfehlen. Nach einem Jahr wurde das Verfahren eingestellt, weil dieses Transparent „keine Werbung" enthielt und deshalb nicht die Gesetze verletzte. Helldorff ist sich sicher, dass seine Pollenbarrieren sehr wichtig sind: „Denn es betrifft alle, die essen, also alle, die leben. Es geht um die Ernährungssicherheit von ganz Europa."

Überall, wo Gentechnik am Acker ist, breitet sie sich aus. 264 Fälle von Gentechnik-Verschmutzungen weltweit – vielfach wegen illegalen Anbaus – listet ein Register der Umweltorganisationen GeneWatch und Greenpeace bis zum Jahr 2009 auf.[7] Da es in vielen Ländern keine systematische Überwachung genmanipulierter Pflanzen gibt, handelt es sich dabei höchstwahrscheinlich nur um die Spitze des Eisbergs. Die Kosten und Schäden sind jedes Mal beträchtlich – auch bei der Aussaat von kontaminiertem Genraps in Deutschland 2007. Nicht jede Kontamination erfolgte durch Pollenflug aus genehmigtem Anbau: So wurde bekannt, dass in China Universitätsangehörige den Bt 63-Reis illegal an Bauern verkauften und ihn so verbreiteten. 2006 tauchte der Reis in den Supermärkten Europas auf. Auch Forschung kann zur großen Gefahr werden, wie der Landwirt Percy Schmeiser aus Kanada erzählt: „Die Kontaminationen am Anfang kamen bei uns gar nicht von den Landwirten, sondern von den Feldversuchen von der Regierung und von den Unternehmen. Wenn Sie also Feldversuche in Ihrem Land haben, dann ist das wie einen Schalter umzulegen, und schon sind Sie kontaminiert. Konzerne und Wissenschafter sagten, dass man einen Abstand von drei Metern haben muss, dann waren es neun Meter, 20 Meter, 50 Meter, dann ein Kilometer, schließlich zwei Kilometer. Jetzt erklären auch die Wissenschafter, dass es keinen sicheren Abstand gibt. Wenn es keinen ausreichenden Sicherheitsabstand in Kanada gibt, kann es in Europa schon gar keinen geben." In Kanada gibt es keinen gentechnikfreien Raps mehr – und das, obwohl die kanadische – im Gegensatz zur europäischen – Landwirtschaft von riesigen Anbauflächen geprägt ist. Eine Studie der Universität Manitoba ergab 2003, dass damals bereits 97 Prozent des untersuchten, zertifizierten gentechnikfreien Raps-Saatgutes verschmutzt waren.[8]

## Es gibt keine Koexistenz

Schmeiser kultivierte gemeinsam mit seiner Frau mehr als 50 Jahre Raps und züchtete ihn selbst weiter. Doch dann wurden in seinen Feldern genmanipulierte Rapspflanzen gefunden. Weil alle diese Pflanzen patentiert sind, bedeutete das, dass er die gesamte Ernte abgeben musste – sie gehörte auf einmal nicht mehr ihm, sondern Monsanto. Nicht genug, dass ihm sein Lebenswerk zerstört wurde, nun sollte er als Leidtragender auch noch bestraft werden. Das ließ sich Schmeiser nicht gefallen und erreichte in einem jahrelangen Gerichtsprozess, dass er als Geschädigter wenigstens keinen Schadenersatz an den Gentechnikkonzern zahlen musste. Schmeiser bringt alles unmissverständlich auf den Punkt: *„Es gibt keine Koexistenz! Genauso wenig gibt es eine Wahlfreiheit. Bio-Bauern können aufgrund der Kontamination keinen Raps und kein Soja mehr anbauen und mussten deshalb aufgeben. Existenzen wurden zerstört."* Sein Appell in

Der Biobauer Volker Helldorff mit seiner warnenden Pollenbarriere

*Richtung Europa, wo der Großangriff auf Landwirtschaft und Lebensmittel noch lange nicht abgewehrt ist: „Wenn Sie GVO einführen, dann haben Sie keine Wahlmöglichkeit mehr, denn langfristig wird alles GVO, wie es in Kanada geschehen ist. Aber das ist noch nicht alles. Rapssaatgut kommt aus der Familie der Kreuzblütler. In dieser Familie haben wir auch andere Pflanzen wie Rüben, Karfiol oder Senf. Durch die Fremdbestäubung ge-*

*langen diese gentechnisch veränderten Organismen in diese anderen Pflanzen. Jetzt kann man einige dieser Gemüsepflanzen gar nicht mehr biologisch oder konventionell züchten. Es wirkt sich nicht nur auf unsere Pflanzen oder unser Saatgut selbst aus, sondern sogar unser Honig ist durch GVO verseucht. Es wurde also wieder ein Industriezweig im Westen Kanadas zerstört.“*

Es gibt keine Koexistenz: „Streng gesicherter" Genreis ist überall

Der bayerische Bauer und Mischfutterhändler Josef Feilmeier bringt alles auf eine einfache Formel: „Koexistenz = Kostet Existenz“. Es ist nichts anderes als eine Kontaminierungsstrategie.

Wie gefährlich die Aufdeckung dieser Zustände ist, musste Ignacio Chapela von der University of California, Berkeley (USA) erfahren: Er fand bei Untersuchungen im abgelegenen Bergland Mexikos zusammen mit seinem Kollegen David Quist genmanipulierten Mais in lokalen Maissorten. Lebensmittel-„Hilfslieferungen“ der USA wurden als wahrscheinlicher Grund angegeben. Sie veröffentlichten die Resultate ihrer Forschung im November 2001 in der Wissenschaftszeitschrift „Nature“. Daraufhin brach ein Sturm der Entrüstung los. Wie sich herausstellte, wurden die Forscher unter anderem über die PR-Agentur Bivings Group verleumdet, die auch für Monsanto arbeitete. Im April 2002 gab „Nature“ dem Druck nach und veröffentlichte ein in der Geschichte des Magazins einzigartiges Dementi: „Die vorhandene Evidenz reicht nicht aus, um die ursprüngliche Veröffentlichung des Papiers zu rechtfertigen“, hieß es. Chapela bekam Probleme an seiner Universität und stand vor der Kündigung. Was wenig verwunderte, hatte doch der Gentechnikkonzern Syngenta (damals Novartis) wenige Jahre zuvor mit seiner Universität um

25 Mio. Dollar einen Foschungsvertrag abgeschossen und war Chapela zu jener Zeit ein Sprecher der Opposition. Doch Anfang 2009 wurde er voll rehabilitiert: Ein Forscherteam der Universität Mexiko Stadt um die Molekularbiologin Elena Alvarez-Buylla bestätigte das Vorkommen genmanipulierter Maissorten mitten in Mexiko – obwohl im Mutterland des Maises seit 1998 ein Genmais-Anbauverbot bestand.

### So schnell ist alles verseucht

Nicht umsonst kämpfen die deutschen Imker an vorderster Front gegen die Gentechnik – und haben in Deutschland bereits mindestens ein „Gentechnik-Opfer" zu beklagen: Karl-Heinz Bablok aus Kaisheim in Bayern musste 2008 seine gesamte Ernte von 340 Kilo Honig in der Müllverbrennungsanlage Augsburg entsorgen. Das verordnete das Verwaltungsgericht Augsburg, weil Genmais-Pollen im Honig gefunden wurden – wahrscheinlich von dem zwei Kilometer von seinem Haus entfernten Genmais-Versuchsanbau der Landesanstalt für Landwirtschaft. Kanada gilt als warnendes Beispiel: Die Imker durften wegen der Genraps-Verseuchung keinen Honig mehr nach Europa liefern. Sobald Laborpflanzen auf den Acker kommen, ist es mit dem Miteinander zwischen Imkern und Bauern vorbei: Plötzlich stellt jede „Hausbiene" eine Gefahr für gentechnikfrei wirtschaftende Bauern dar. Umgekehrt sind Imker, die auf ihre Naturprodukte wie Honig oder Pollen angewiesen sind, die ersten, die Gentechnik-Felder meiden müssen. Doch Bienen fliegen bis zu sieben Kilometer vom Bienenstock weg, um Pollen zu sammeln. Mit weniger als 1.000 Bienenstöcken kann die gesamte Fläche Österreichs oder der Schweiz leicht abgedeckt werden, nicht einmal 4.000 würden für ganz Deutschland ausreichen.

## Frontalangriff auf „Bio"

Es war wenige Tage vor Weihnachten, am 21. Dezember 2005: Die EU-Kommission präsentierte den Vorschlag für eine neue EU-Bio-Verordnung. „Erzeugnisse, die gentechnisch veränderte Organismen (GVO) enthalten, dürfen nicht als ökologisch gekennzeichnet werden, es sei denn, es handelt sich um eine zufällige Kontaminierung mit GVO bis zu höchstens 0,9 Prozent", heißt es in der Erklärung dazu.[9] Ein „Taschenspielertrick" sollte die Konsumenten hinters Licht führen: Jeder Konsument erwartet sich bei „Bio" absolute Gentechnikfreiheit. Dem kam auch der bis dahin geltende österreichische Schwellenwert von 0,1 Prozent weitgehend entgegen. Laut Vorschlag der EU-Kommission sollten aber nun Produkte bis zu einem Gentechnik-Anteil von 0,9 Prozent als „Bio" verkauft werden dürfen. Der Käufer erfährt nicht, wenn sie verschmutzt sind. Ein Jahr später, wiederum knapp vor Weihnachten, am 19. Dezember 2006, billigten die EU-Minister die neue Bio-Verordnung. Endgültig abgesegnet wurde sie am 12. Juni 2007. Wer einen Aufschrei der Bioverbände aus Deutschland und Österreich sowie der Grünen erwartete, kam aus dem Staunen nicht heraus: Sie trugen die Regelung fast einhellig mit. Als das EU-Parlament im März 2007 einen Grenzwert von 0,1 Prozent forderte, protestierte der österreichische Bio-Dachverband Bio Austria sogar dagegen: „Die österreichischen Biobauern (...) halten die Verankerung von Extra-Grenzwerten für Verunreinigungen in Bioprodukten jedoch nicht für den richtigen Weg, dieses Ziel (Anm.: Schutz der Gentechnikfreiheit im Bio-Landbau) zu erreichen", hieß es in einer Presseaussendung. Da Gentechnikfreiheit unteilbar sei, dürfe es keinen unterschiedlichen Grenzwert für konventionell und Bio geben.[10] Ob der Dachverband wirklich im Sinne der Biobauern mit Leib und Seele sprach oder im Sinne des Landwirtschaftsministeriums, von dem er jedes Jahr hunderttausende Euro bekommt, bleibt der Beurteilung jedes Einzelnen überlassen.

Das zweite, oft gebrauchte Argument der Bioverbände: Der Grenzwert würde ohnehin nur bei „zufälliger und technisch unvermeidbarer" Kontamination von außen gelten. Doch das ist falsch. In den „Leitlinien für einzelstaatliche Koexistenzstrategien" gibt die EU-Kommission eine Verschmutzungserlaubnis bis 0,9 Prozent und fordert billige Maßnahmen, um den Wert einzuhalten: *„Koexistenz-Maßnahmen sollten effizient, kostenwirksam und verhältnismäßig sein. Sie sollten nicht über das Maß*

Bienen tragen Pollen kilometerweit – Gentechnik bedroht Nahrung und Honig

*hinausgehen, das erforderlich ist, um zufällige Spuren von GVO unterhalb der in Gemeinschaftsvorschriften festgesetzten Toleranzschwellen zu halten. Dabei sollte eine unnötige Belastung der Landwirte, der Saatguterzeuger, der Genossenschaften und anderer, in einem der Produktionssysteme mitwirkender Akteure vermieden werden.“* [11]

Gerhard Rühl, Leiter des Koexistenz-Forschungsprogrammes des deutschen Landwirtschaftsministeriums, erklärte im Interview mit der deutschen Gentechnik-Plattform „bioSicherheit“: *„Bei der derzeitigen Konstellation sollte mit einem Abstand von 150 Metern der Kennzeichnungsschwellenwert von 0,9 Prozent, bezogen auf die Gesamternte, einzuhalten sein.“* Auf die Frage, warum der vorgeschriebene Abstand bei Bio-Feldern 300 Meter sein müsse, antwortete Rühl: *„Für die 300 Meter Abstand zu biologisch bewirtschafteten Flächen gibt es, so gesehen, keine Gesetzesgrundlage. Es gibt nur einen Kennzeichnungsschwellenwert, der von der EU vorgegeben wird, und der beträgt 0,9 Prozent. Die Regelung ist daher ein Zu-*

*geständnis an den Öko-Landbau. Sie dürfen nicht vergessen: Der ökologische Landbau wirbt mit Null-Toleranz für GVO-Einträge. Um dieser möglichst nahe zu kommen, hat man 300 Meter gewählt. Das ist eine rein politische Entscheidung.*"Mit anderen Worten: Gentechnik-Verunreinigungen werden auch bei Bio-Ware bis 0,9 Prozent toleriert.[12] Ins selbe Horn stieß die damals oberste Agrarpolitikerin der EU, Marianne Fischer-Boel: Eine Vermischung könne nicht verhindert werden, meinte sie. „Wir leben in einer realen Welt."[13] Was Fischer-Boel in blindem Gehorsam vor der Gentechnik-Industrie zu sagen vergaß: Dass sowohl 0,0 als auch 0,1 Prozent in gentechnikfreien Ländern wie Österreich realistisch, billig und ohne Alternative sind (siehe anschließender Text). Das gilt nicht nur für Bio-, sondern auch für konventionelle Bauern, die meist mit der Gentechnik ebenfalls nichts am Hut haben wollen. Auch die „Gentechnikfrei-Kennzeichnung" wurde der EU-Bio-Verordnung angepasst. „Gentechnikfrei" heißt also bis zu 0,9 Prozent Gentechnik.

Percy Schmeiser dazu: „Der Grenzwert muss 0,0 Prozent sein. Bei einem Grenzwert von 0,9 Prozent und bei der gleichzeitigen Freisetzung von GVO werden auf Dauer keine Bio-Bauern überbleiben – weil sich der Grenzwert immer mehr nach oben verschieben würde."

Das kann der unabhängige österreichische Risikoforscher Werner Müller nur voll und ganz unterschreiben: „Mit der Strategie der Koexistenz wollen die Verantwortlichen – vor allem jene in der EU-Kommission – eine flächendeckende Kontamination herbeiführen. Das wäre das Ende des Bio-Landbaues im ursprünglichen Geist der Pioniere."

Bereits 2005 erfuhr er bei einem von der EU-Kommission veranstalteten Treffen in Wien – es ging um Angleichung, Um- und Durchsetzung der EU-Gesetzgebung –, dass mit dem Kennzeichnungsschwellenwert eine Verschmutzungserlaubnis in derselben Höhe gemeint ist. Daraufhin schlug Müller Alarm: „Alle Koexistenz-Maßnahmen sind so ausgelegt, um den Grenzwert von 0,9 Prozent zu erreichen", warnte er. Er wies darauf hin, dass die Koexistenz-Maßnahmen vom Gesetz her nicht zu viel kosten dürfen.[14] Es sei an der Zeit, „JETZT für einen eigenen Grenzwert“ für Bio zu lobbyieren, forderte Müller.

Er zeigte auf, was die 0,9-Prozent-Regelung bedeutet:

- Keinen Schadenersatz, wenn der Bauer seine Ware bei einer Verschmutzung von z. B. 0,7 Prozent nicht mehr verkaufen kann.
- Will der Biobauer eine Verschmutzung von deutlich unter 0,9 Prozent sicherstellen, so trägt er die Kosten für zusätzliche Schutzmaßnahmen
- Kleine Abstände zwischen Gentechnik- und Biofeldern
- Auch die Kosten, um bei der Verarbeitung, Lagerung, Transport etc. eine Verunreinigung zu vermeiden, trägt der Bio-Bauer
- Bio-Bauern müssen in einen Verschmutzungsfonds einzahlen
- Es wird unmöglich, reines Saatgut aufzubewahren
- Konventionelle Bauern bekommen bei einem Grenzwert von über 0,9 Prozent nur dann einen Schadenersatz, wenn sie nachweisen können, dass ihre Abnehmer auf einem Grenzwert unter 0,9 Prozent beharren.

... und warum Bio-Bauern auf einem Grenzwert von 0,0 Prozent beharren sollten:

- Konsumenten erwarten bei Bio absolute Gentechnikfreiheit
- Auch die meisten Bio-Verarbeiter erwarten 0,0 Prozent
- Der Gentechnikbauer ist für den absoluten Schutz der biologisch bewirtschafteten Felder verantwortlich
- Sobald die Bio-Ware verschmutzt wird, muss ein Schadenersatz geleistet werden.
- Allgemeine Kostenreduktion, weil es – bedingt durch große Abstände – wenig bis gar keine Gentechnik-Bauern geben wird
- Die Ausrufung gentechnikfreier Regionen wird vereinfacht
- Saatgut kann aufbewahrt und wieder verwendet werden

Wenngleich beispielsweise Italien diese österreichischen Vorschläge aufgriff, setzte sich die EU-Kommission letztlich durch. Auch wenn die Bio-Verbände intern vorläufig bei einem Grenzwert von 0,1 Prozent bleiben wollen: Die Forderung nach gesetzlicher Nulltoleranz ist gerade jetzt wichtiger denn je. Denn interne Regeln können schneller geändert werden als Gesetze.

## Am Anfang steht das Saatgut

Fast 180 Tonnen gentechnisch verschmutztes Saatgut waren vor allem in Oberösterreich und der Steiermark im Umlauf, eine Anbaufläche von rund 6.000 Hektar war betroffen: Im Mai 2001 deckte Greenpeace Österreich einen handfesten Skandal auf. In Folge wurde auf zirka 2.000 Hektar (Gen-)Mais zerstört, wofür die öffentliche Hand 2,67 Mio. Euro Entschädigungszahlungen leistete. „Es sei weder möglich, eine hundertprozentige Reinheit in einem landwirtschaftlichen Produkt zu erreichen, noch die gesamte Agrarproduktion Österreichs unter ein Glashaus zu stellen", wurde Felix Rudolph, Geschäftsführer des für die Verunreinigung zuständigen Saatgutkonzerns Pioneer zitiert.[15] Im Oktober 2001 schlug Landwirtschaftsminister Wilhelm Molterer einen Verschmutzungs-Grenzwert von 0,5 Prozent für konventionelles Saatgut vor. Mit einem Schlag wäre so gut wie der gesamte Maisbestand unwiederbringlich gentechnisch kontaminiert gewesen. Molterer betonte, damit „Rechtssicherheit" schaffen zu wollen – schließlich wurden zu diesem Zeitpunkt auf EU-Ebene ähnliche Werte diskutiert. Es hagelte Proteste, Greenpeace präsentierte eine Meinungsumfrage, nach der nur 21 Prozent der konventionellen Bauern diesem Grenzwert zustimmten. Noch Ende November verteidigte Molterer seinen Entwurf mit Zähnen und Klauen, bis er gemeinsam mit der Präsidentenkonferenz der Österreichischen Landwirtschaftskammern schließlich in letzter Sekunde einlenkte und eine Saatgut-Gentechnik-Verordnung mit „Nulltoleranz" beschlossen wurde.

Absolut sauberes Saatgut als Zukunftsgarantie: Österreich ging voran

Nur absolut gentechnikfreies Saatgut (= 0,0 Prozent) und in Ausnahmefällen Saatgut mit einem Gentechnik-Anteil von unter 0,1 Prozent darf seither auf Österreichs Felder kommen. Sichergestellt wird dies mittels eines dreifachen Kontrollsystems (Laboruntersuchungen, Untersuchungen auf Saatgut-Vermehrungsfeldern und Kontrollanbau), das die Agentur für Ernährungssicherheit (AGES) überwacht. Ihre Kontrollore untersuchen pro Jahr beispielsweise über eine Million Maispflanzen auf den Saatgut-Vermehrungsfeldern. Saatgutlinien, wo Spuren von GVO gefunden werden, werden noch zusätzlich ganz speziell unter die Lupe genommen. Obwohl das System aufwändig und kostspielig ist, hat es sich als wirtschaftlicher Volltreffer erwiesen: Die Saatgut-Vermehrungsfläche bei Raps und Mais verdreifachte sich aufgrund der enormen Nachfrage nach garantiert gentechnikfreiem Saatgut innerhalb von fünf Jahren.

„Bauern, kauft in Österreich!“, rief im April 2005 beispielsweise die Arbeitsgemeinschaft bäuerliche Landwirtschaft (AbL) deutsche Bauern auf. Denn im Gegensatz zu Deutschland konnten Österreichs Saatgutvermehrer eine Garantie für absolut saubere Ware geben. Einziger Wermutstropfen der österreichischen Situation: Die Saatgut-Züchtung bei den GVO-gefährdeten Arten Mais und Raps erfolgt fast ausschließlich im Ausland, in Österreich wird lediglich vermehrt. Dadurch sind die Vermehrer auf den guten Willen der ausländischen Züchter angewiesen.

Saatgut steht am Anfang der Erzeugung von Lebensmitteln. Ohne ein gentechnikfreies Saatgut kann es keine gentechnikfreie Ernte und folglich auch keine gentechnikfreien Produkte geben. Dementsprechend wichtig sind hier schützende Gesetze. Seit 2002 versucht die EU-Kommission bei Saatgut eine Verschmutzungserlaubnis einzuführen. Grenzwerte von bis zu 0,7 Prozent waren im Gespräch. Der bislang letzte Vorschlag der damaligen Umweltkommissarin Margot Wallström wurde 2004 nach heftigen Protesten zahlloser Umweltschutzgruppen und Bauernverbände wieder abgesetzt. Die im Zuge dieser Vorhaben aus der Taufe gehobenen Initiative „Save Our Seeds“ sammelte in Windeseile 200.000 Unterschriften und wird von 300 Organisationen mit mehr als 25 Mio. Mitgliedern unterstützt. Die Forderung ist klar: Ein Reinheitsgebot für Saatgut in ganz Europa. Es gilt als großer Erfolg, dass die EU – dank vieler heftiger Proteste – bis Ende 2009 keine Saatgut-Verordnung zustande gebracht hat.

Diese beiden Fälle in Österreich und auf EU-Ebene stehen exemplarisch für viele andere: Die Politik regiert gegen den Willen der Menschen. Ständig werden Gesetzesvorschläge im Sinne der Gentechnikindustrie veröffentlicht. Mit beherztem Widerstand gelingt es jedoch immer wieder, das Schlimmste zu verhindern. Es ist ein Spiel, bei dem die Politik auf Zermürbungstaktik setzt, indem sie einen stinkenden Knochen nach dem anderen auswirft und Organisationen wie Greenpeace diesen hinterherjagen. Es ist nun Zeit, diesem Theater ein Ende zu setzen. Es ist höchst an der Zeit, selbst das Ruder in die Hand zu nehmen und ein generelles Gentechnikverbot für die Landwirtschaft und für unser Essen zu beschließen.

# 6. PATENT-KRIEG UM DIE NAHRUNG

> *„Geld, Geld, Geld: Alles dreht sich ums Geld."*
>
> *Erwin Chargaff, „Vater der Genforschung"*

Jeder gentechnisch veränderte Organismus ist patentiert wie eine Erfindung. Damit gehört er dem Konzern und nicht dem Bauern. Dass es keine Patente auf Leben geben dürfte, scheint egal zu sein – denn hier geht es um enorm viel Macht und Geld. Doch nun will die Gentechnikindustrie auch noch alle natürlichen Pflanzen und Nutztiere einkassieren. Kenner schreien auf, doch der Aufschrei sollte aus allen Kehlen erklingen. Denn Patente auf Leben sind in jedem Fall ein mit Gesetzen legalisiertes Verbrechen, wie sogar der „Vater der Genforschung" feststellte. Dass es kein Kampf gegen Windmühlen ist, zeigen die vielen kleinen Erfolge, die beherzte Aktivisten und Gruppen bereits erreichen konnten.

Für mich ist das Ganze ein Verbrechen. Die Geschichte mit der Patentierung ist vollkommen fehlgelaufen, denn Patente sind für Erfindungen, nicht für Entdeckungen. Heute hätte der Newton ein Patent auf die Schwerkraft."[1] „Verbrechen" – dieses Wort fällt beim Thema „Patente auf Leben" besonders häufig. Doch bei Erwin Chargaff bekommt es besondere Bedeutung: Schließlich entdeckte er die Basenpaarungsgesetze im menschlichen Erbgut und gilt damit als „Vater der Genforschung". Bis zu seinem Tod im Juni 2002 wandte sich der gebürtige Österreicher gegen die Auswüchse „seines" Forschungsgebietes und rechnete mit dem blinden Glauben ab, der Mensch ließe sich über seine Gene definieren. Wie Chargaff sagt, kann man Leben nur entdecken und nie erfinden.

Dementsprechend dürfte es keine Patente auf Leben geben. Jetzt aber lockt Wissenschafter der große Reichtum, was Chargaff scharf kritisierte: „Wir durften damals keine Patente anmelden. Heute sitzen schon die Studenten mit den Patentanwälten zusammen. Geld, Geld, Geld: Alles dreht sich jetzt ums Geld."

Die Konzerne greifen mit Hilfe der Wissenschaft und dank Patentgesetzen nach allem – und haben vieles schon bekommen: Schweine, Rinder, Brokkoli, Bäume, Tomaten, Mais oder gleich alle Pflanzen und Tiere auf einmal. Die Gier nach den Lebensgrundlagen scheint keine Grenzen zu kennen.

Doch es geht nicht nur ums Geld, sondern auch um Macht. So schildert der ehemalige Monsanto-Mitarbeiter Kirk Azevedo ein Treffen zwischen Monsanto und der Unternehmensberatungsfirma Arthur Anderson Unternehmensberatung. Diese fragte die Verantwortlichen von Monsanto, wo der Konzern in 20, 30 Jahren stehen solle. Die Antwort: „Wir wollen die weltweite Nahrungsversorgung kontrollieren."[2] Damit droht ein dem früheren US-Außenminister Henry Kissinger zugeschriebener Spruch aktueller denn je zu sein: „Beherrsche die Energie, und du beherrschst die Nationen. Beherrsche die Nahrung, und du beherrschst die Menschen."

In den USA und Übersee ging es 1980 so richtig los, als das US-Höchstgericht die Patentierung eines genmanipulierten Bakteriums erlaubte.[3] Weltweit legitimiert wurden Patente auf Leben durch das TRIPS-Abkommen (engl. für Abkommen über handelsbezogene Aspekte der Rechte des geistigen Eigentums). Es trat als einer der drei Pfeiler der Welthandelsorganisation WTO 1995 in Kraft und legt fest, welche Anforderungen das Patentrecht der Nationalstaaten erfüllen muss. Triebfeder für diese weltweite Patentgesetzgebung mit Bestrafungsmöglichkeit war das Intellectual Property Committee (IPC). Es wurde 1986 vom Pharmariesen Pfizer gemeinsam mit IBM gegründet[4] und setzte sich aus insgesamt 13 US-Pharma-, Saatgut-, Chemie-, Energie-, Technologie-, Militär- und Medienkonzernen zusammen. Weiters waren dies Bristol-Myers,

Johnson & Johnson, Merck, Monsanto, DuPont, FMC Corporation, General Electric, Hewlett-Packard, Rockwell International (Militär), Warner Communications und General Motors. Monsanto-Kommunikationschef James R. Enyart erklärte 1990 im französichen Journal „Les Nouvelles" die IPC-Strategie: „Die Industrie wurde auf ein größeres Problem im internationalen Handel aufmerksam. Sie entwarf eine Lösung, reduzierte sie auf einen konkreten Vorschlag und verkaufte diesen unserer eigenen und anderen Regierungen. (...) Die Industrie und die am Welthandel Beteiligten haben dabei gleichzeitig die Rolle des Patienten, des Diagnostikers und des behandelnden Arztes gespielt."[5]

## Genlobby setzt sich durch

In Europa hatte zwar das Europäische Patentamt (EPA) Ende der 1980er-Jahre mit der Patentierung von Pflanzen begonnen. Vorerst schaffe es Greenpeace, 1995 diese Praxis zu stoppen. Die technische Beschwerdekammer des EPA sagte Nein zu einem Patent von Plant GeneticScience, das heute zu Bayer gehört. Nach dem damals alleine maßgeblichen Europäischen Patent-Übereinkommen durften keine Patente auf Pflanzensorten und Tierrassen erteilt werden.[6] Jedoch gelang es der Gentechnik-Lobby rasch, auch in dieser Frage die Politik vor ihren Karren zu spannen: 1998 gaben die EU-Staats- und Regierungschefs sowie das EU-Parlament grünes Licht für die „Richtlinie 98/44/EG über den rechtlichen Schutz biotechnologischer Erfindungen", die so genannte EU-Biopatentrichtlinie. Damit hatten die Gentechnik-Konzerne den wichtigsten Trumpf in der Hand: Den Besitz an Nutzpflanzen und Nutztieren. Denn jede genmanipulierte Pflanze ist patentiert wie eine Erfindung. Erstmals in der Geschichte sollten Saatgut, Pflanzen und die Tiere nicht mehr den Bauern, sondern wenigen Konzernen gehören, die dafür Lizenzgebühren kassieren – siehe der Fall Percy Schmeiser im Kapitel über Koexistenz. Auch das selbstverständliche Recht der Wiederaussaat oder der Weiterzüchtung sollte den Bauern genommen

Niemand kann Schweine oder andere Lebewesen erfinden – deshalb sind Patente auf Leben widerrechtlich

werden. Brav setzten die Regierungen, wenn auch zum Teil mit einiger Verspätung, die Richtlinie in nationale Gesetze um – egal ob Rot-Grün in Deutschland an der Macht war oder Schwarz-Blau (ÖVP-FPÖ) bzw. Schwarz-Orange (ÖVP-BZÖ) in Österreich.

Tatsächlich kam es zu einer Flut von zugelassenen Patenten auf Leben: In den ersten zehn Jahren ab 1999 genehmigte das Europäische Patentamt gleich über 1.000 Patente auf Pflanzen und Tiere. Womit das Patentamt neben den Gentechnik-Konzernen zum zweiten Gewinner der Richtlinie wurde, denn es finanziert sich zur Gänze privat. Dementsprechend tragen die Gebühren aus Erteilungsverfahren für Patente auf Leben dazu bei, fette Gewinne zu schreiben – 2004 waren es beispielsweise 218,6 Mio. Euro, 2008 immerhin 57,7 Mio. Euro. „Das

Patentamt kann über diese Einnahmen frei verfügen. Je mehr Patente es erteilt, desto besser geht es seinen Bediensteten. Es bestimmt seit den späten 80er Jahren de facto selber, nach welchen Kriterien es die Patente erteilt", erklärt der „Förderverein für eine Freie Informationelle Infrastruktur" (FFII), der sich in ganz Europa gegen Software-Patente einsetzt.[7] Am Anfang drehte sich bei den europäischen Patenten auf Leben so gut wie alles um die Gentechnik. In den vergangenen Jahren nahm die Zahl der Patente auf konventionelle, gentechnikfreie Züchtung dramatisch zu, wie der 2009 erschienene Report „Saatgut und Lebensmittel" von Christoph Then und Ruth Tippe aufdeckte.[8] 2008 waren es demnach schon mehr als 25 Prozent aller Anträge. Grund für diesen Prozess ist nicht nur die offensichtlich angestrebte Weltherrschaft über die Nahrung, sondern auch Probleme mit der Gentechnik an sich: „Die Möglichkeiten, eine Pflanze durch gentechnische Veränderungen zu verbessern, sind gering. Dies hat eine Reihe von Ursachen. So lassen sich die Effekte eines spezifischen Gens auf das Wachstum der Pflanze, deren Entwicklung und Reaktionen auf die Umwelt nicht genau vorhersagen. Dazu kommt die geringe Erfolgsrate bei der gentechnischen Manipulation, der Mangel an präziser Kontrolle über das Gen, sobald es in das Genom eingebaut worden ist, und andere ungewollte Effekte, die mit dem Geschehen bei der Gentransformation und dem Verfahren der Zellkultur zusammenhängen."[9] Exakt so steht es in der – letztlich nicht erteilten – Patentanmeldung WO2004053055 von Monsanto, wo es um unbeabsichtigte Effekte der Genmanipulation geht.

## Monsanto: Von Rind bis Schwein, alles mein?

Besonders bekannt wurden zwei Patentanträge von Monsanto[10] auf die Zucht von Schweinen. Hierin beanspruchte der Konzern die Verwendung von einigen tausend Genvarianten vom Schwein und formulierte dies so, dass die Tiere selbst eingeschlossen waren. Auch das Hausschwein und seine Nachkommen waren betroffen. Nach heftigen Protesten[11] schwächte Monsanto im Jahr 2007 die Patentansprüche etwas ab und verkaufte diese an das US-Unternehmen Newsham Genetics. Weiters gab Monsanto seinen Rückzug aus der Branche offiziell bekannt: „Wir sind draußen aus dem Schweinegeschäft", ließen sie z. B. auf ihrer Homepage[12] wissen. Doch das Gegenteil war der Fall: Eine dreijährige Forschungsgemeinschaft zwischen den beiden Unternehmen wurde vereinbart und Newsham Genetics erhielt 2008 das Patent (EP20081651777), „das sich immer noch auf die Zucht von ganz normalen Schweinen erstreckt", so Tippe.[13] Das Patent wurde beeinsprucht. Und ebenso 2008 tauchten neue Patentanträge Monsantos auf die Zucht von Schweinen und auch Kühen auf. Diese „übertreffen in der Maßlosigkeit ihrer Ansprüche die bisherigen Fälle bei weitem", heißt es in einem ebenfalls von Then und Tippe verfassten Report, der von Greenpeace herausgegeben wurde[14]: Beim Rinderpatent beansprucht Monsanto die Verwendung von über 260.000 Genvarianten vom Rind, die für Zuchtziele wie Milchleistung, Zahl der Nachkommen und Lebensleistung wichtig sein könnten. „So sollen die Grundlagen der Zucht von Nutztieren zu einer Monsanto-Erfindung erklärt werden", heißt es im Report. Allein 2007 und 2008 wurden rund 40 Patentanträge auf die Zucht von Nutztieren gefunden, die Hälfte davon betreffen Schweine und Rinder, berichtet Greenpeace.

Laut EU-Biopatentrichtlinie erstrecken sich die Patente auch auf alle Nachkommen und Weiterkreuzungen der genmanipulierten Pflanzen und Tiere. Dies sei „weltweit einzigartig", wie Then feststellt.[15] Wenn Patentansprüche direkt auf konventionelle, gentechnikfreie Pflanzen oder Tiere gestellt werden, gilt dasselbe.

Im Allgemeinen nützen die Konzerne dabei die zahlreichen Methoden der konventionellen Züchtung – wie markergestützte Selektion („Smart Breeding"), genetischer Fingerabdruck, Beschreibung von Inhaltsstoffen (wie Eiweiß und Öle) oder die Bewertung von Pflanzenmerkmalen (wie Ernteertrag oder Resistenz gegen Krankheiten). In den meisten Fällen ist der technische Beitrag gering oder sogar trivial und kann kaum als erfinderisch angesehen werden. Ausgehend von diesen technischen Verfahren werden Saatgut, Pflanzen und Tiere, teilweise auch Ernte, Verarbeitung zu Lebensmitteln oder Biomasse/Biosprit mitpatentiert. Die genetischen Ressourcen inklusive deren Nachkommen werden kassiert. Then und Tippe bringen ein anschauliches Beispiel: Diese Patente seien vergleichbar mit Patenten auf Lebewesen, die entweder mit einem Mikroskop oder mit einer einfachen Lupe untersucht wurden.

Bereits erteilt wurden mehrere weitere Patente auf Schweinezucht bis hin zum Bau von Schweineställen. Die Universität Gießen erhielt ein Patent für die Herstellung genmanipulierter Kühe und für die Auswahl von konventionellen Kühen. Weiters gibt es Patente für die Züchtung von Bäumen, für Mais und Soja (jeweils Monsanto), für die Maisernte (Syngenta), für die geschlechtsspezifische Auswahl von Sperma bei Rindern und Schweinen und im Zusammenhang mit einer hohen Milchleistung. „Es findet eine ‚Monsantosierung' der Lebensmittel statt", erklärt Tippe. Alle Pflanzen und Nutztiere seien bedroht. „Monsanto ist auch beim Verfassen von Patentschriften eine enorm aggressive Firma. Die Schriften sind umfassend bis zum Geht-nicht-mehr. Beansprucht wird z. B. neben der Sojapflanze auch das Öl, die Ernte, die Bohne und das Mehl." Das belgische Unternehmen OM Partners Hortica ließ sich sogar generell die Züchtung von Pflanzen und Tieren patentieren. „Würde dieses Patent einem Unternehmen wie Monsanto gehören, das seine Patente am Markt auch durchzusetzen versucht, könnte dies zu erheblichen Problemen bei europäischen Züchtern und Landwirten führen. Das Unternehmen müsste nur einigermaßen glaubhaft versichern können, dass Saatgut oder Nutztiere nach diesem Verfahren ausgewählt wurden. So könnten mit Hilfe dieses Patentes auch Tiere und Pflanzen, die bereits in Gebrauch sind, in patentierte Erfindungen ‚verwandelt' werden", erklären die Studienautoren die allumfassende Gefahr – schließlich kauft Monsanto ein Unternehmen nach dem anderen auf.

Im Report „Saatgut und Lebensmittel" heißt es: „Alle Patente tragen dazu bei, dass die Herstellung von Lebensmitteln mit einem Netz von exklusiven Monopolrechten überzogen wird, das es möglich macht, Preise zu bestimmen und die Verteilung von Gütern und den Zugang zu Ressourcen zu kontrollieren. Normale Lebensmittelhersteller und kleinere Handelsunternehmen werden sich in diesem Dschungel von exklusiven Nutzungsrechten hoffnungslos verirren. Getrieben von Patenten und der fortschreitenden Marktkonzentration wird dieser Prozess die internationalen Märkte dramatisch verändern. Steigende Preise und die Ausbreitung von Hunger sind äußerst wahrscheinliche Folgen dieser Entwicklung."[16]
Arme Länder sind am schlimmsten betroffen. Konzerne gieren nach deren traditionellen Pflanzen und Tieren und betreiben damit Biopiraterie. So sicherte sich DuPont Maissorten mit einem erhöhten Ölgehalt aus Mittelamerika, vor allem in Mexiko, und Monsanto kaperte auf diesem Weg indischen Weizen mit besonderer Backqualität. Beide Patente mussten nach mühsamen Einsprüchen ebenso widerrufen werden wie ein Patent auf die Früchte des indischen Niem-Baumes. „Inzwischen melden Inder Patente auf Niem an", zeigt Tippe eine neuere Entwicklung auf. Weitere Patente, die u. a. auf ursprüngliche asiatische Sojasorten oder wiederum auf mexikanische Maissorten zielten, wurden von Monsanto und Pioneer/DuPont beantragt. „Es handelt sich hier um nichts anderes als gut organisierten Diebstahl – einen globalen Raubzug, der von der Politik und den Patentämtern in den industrialisierten Ländern unterstützt wird", heißt es im Report. Jean Ziegler, ehemaliger Sonderberichterstatter für das Recht auf Nahrung, präzisiert: „75 Prozent der Bevölkerung, vor allem in Schwarzafrika, leben im Elend. Wenn dazu noch die Finanzknechtschaft der Patentmogule käme, dann wäre es um diese Völker geschehen."
Somit wird klar, dass alles, bis hin zu den Lebensmitteln, direkt von den Konzernen beansprucht wird – überall auf der Welt. Erteilte Patente oder Patentanträge bestehen auf Bier, Salat, Tomaten, Brokkoli, Soja, Milch, Tofu, Babynahrung, Melonen, Nudeln, Karotten, Karfiol (Blumenkohl),

Öl, Eiweiß und Mehl. Dass laut Gesetz – wie es wörtlich heißt – „im Wesentlichen biologische Verfahren zur Züchtung von Pflanzen und Tieren“ gar nicht patentiert werden dürften,[17] scheint keine Rolle zu spielen. Dementsprechend wichtig ist der beständige Widerstand vieler Organisationen und Einzelpersonen. Ihnen ist es zu verdanken, dass die totale Kontrolle der Konzerne bislang abgewehrt werden konnte.

## Doppeltes Spiel

2010 wird es vermutlich zu einer entscheidenden Verhandlung vor der großen Beschwerdekammer des Europäischen Patentamtes kommen. Anhand eines Brokkoli- und eines Tomaten-Patentes soll geklärt werden, ob Patente für konventionelle Züchtung erlaubt sind. Laut Art. 53(b) Europäisches Patent-Übereinkommen und sogar laut EU-Biopatent-Richtlinie müsste die klare Antwort „Nein“ heißen. „Im Wesentlichen biologische Verfahren“ sind demnach nicht patentierbar. Überraschenderweise „protestieren“ zwei Pflanzenzucht-Konzerne gegen das Brokkoli-Patent der Firma Plant Bioscience aus Großbritannien: Limagrain und Syngenta. Die aus mehreren Organisationen bestehende Plattform gegen Patente auf Leben „No Patents on Seeds“ deckt die Hintergründe auf: Es sei wahrscheinlich, „dass die Firmen, insbesondere Syngenta, ihre Beschwerde nur deswegen eingereicht haben, um das EPA zu zwingen, die Patentierung von konventionellem Saatgut zu bestätigen anstatt das Patent zu widerrufen. Da Syngenta selbst ähnliche Patente eingereicht hat, besteht die Gefahr, dass das EPA und die Saatgutindustrie diesen Fall nur hochziehen, um die Monopolisierung in diesem Sektor weiter voranzutreiben.“

Welche Brutalität im wortwörtlichen Sinne mitschwingt, zeigt ein für die ganze Welt geltender Patentantrag von Syngenta unter dem Namen „Daisy-Cutter“ („Gänseblümchen-Schneider“): Unter der Nummer WO03000904A2/3 beanspruchte der Konzern Blütengene von zumindest 40 Pflanzen – im Mittelpunkt stand Reis, doch es betraf genauso Weizen oder Bananen. Im Grunde war der Geltungsbereich jedoch grenzenlos, denn es ging um die Blütenpflanzen im Allgemeinen, auch die noch unbekannten, wie Paul Oldham von der Universität Lancaster in einer Studie feststellte. Da es ohne Blüte keine Frucht gibt, hätte das Patent „sehr weitreichende Folgen für alle zukünftigen Züchtungsbemühungen gehabt", stellte Pat Mooney von der ETC-Group in einem Interview mit dem Umweltinstitut München fest.[18] Schließlich gelang es ihm und der ETC-Group den Patentantrag aufzudecken, wonach Syngenta 2005 diesen zurückzog.

Benannt war das beantragte Patent nach einer der stärksten konventionellen Fliegerbomben der Welt. „Daisy-Cutter" wurde im Vietnam- und im Afghanistankrieg von den USA ebenso abgeworfen wie in den Irakkriegen – z. B. um Lichtungen in Waldgebieten für Hubschrauber-Landeplätze oder Artillerie-Stellungen zu schaffen. Im Umkreis von rund 300 Metern wird alles zerstört, Explosionsknall und Lichtblitz sind kilometerweit wahrnehmbar. Syngenta habe versucht, „das Patent heimlich, wie ein Dieb in der Nacht, durchzubringen", so Mooney. Als auf einmal jemand das Licht aufdrehte, sei Syngenta ertappt dagestanden und habe in diesem Fall mit Rückzug reagiert. „Sie werden es wieder versuchen", prophezeite der Aufdecker schon damals, 2005. „Jeder dieser Konzerne hat die Tendenz, beim Thema Patente so weit wie möglich zu gehen und die Grenze des Möglichen immer weiter zu schieben. (…) Deshalb halten sie den Druck immer aufrecht und das Objekt dieses Drucks ist die weiche und sich ständig wandelnde Masse der Politiker. In dieser Situation werden sie eines Tages gewinnen. Es ist nicht genug, wenn wir nur aufmerksam sind", so Mooney.

Was ist die Lösung? „Wir müssen die Spielregeln ändern." Es sei nicht hinnehmbar, dass auf das erste Protestschreiben der ETC-Group zwar Syngenta, das Europäische Patentamt und die Weltorganisation für geistiges Eigentum WIPO „sehr schnell" antworteten – nicht jedoch der Verbund der Internationalen Agrarforschungsinstitute CGIAR sowie die

FAO, die Landwirtschaftsorganisation der UNO. „Beide haben nicht mit einer Silbe auf unser Schreiben reagiert, weil ihnen das zu politisch war." Auch auf eine zweite Aufforderung habe es keine Reaktion gegeben. Diese Institutionen sind die beiden zentralen Einrichtungen und somit die Wächter über die Ernährungssicherung der Erde und die Landwirtschaft in der Dritten Welt. Mooney bezeichnet sie als „dumm" und „erbärmlich feige". Und: Die Syngenta- und die Rockefeller-Stiftung sind Sponsoren der CGIAR. Die FAO wiederum arbeitet eng mit der CGIAR zusammen. Nur ein striktes Verbot von Patenten auf Leben kann die Spielregeln zugunsten der Menschen ändern.

Ruth Tippe dazu: „Es wird zwar sehr schwierig, Patente auf Leben ins Abseits zu bringen. Denn Geld und nicht die Politik regiert die Welt. Aber wenn man die Absurdität dieser Patente den Menschen häufig genug näher bringt, gibt es Hoffnung."

## Wussten Sie, ...

... dass die EU-Biopatent-Richtlinie vom damaligen österreichischen Finanzminister Rudolf Edlinger unterschrieben wurde? Die angeblich so gentechnikkritische österreichische Regierung hatte damals den EU-Ratsvorsitz inne und nichts dagegen, entgegen dem so erfolgreichen Gentechnik-Volksbegehren, grünes Licht für Patente auf Leben zu geben.

... dass das Europäische Patentamt (EPA) 1999 ein Patent auf menschliche Embryonen erteilte? Die Universität Edinburgh beanspruchte im Patent EP 695 351 die Entnahme von Zellen aus menschlichen Embryonen, die gentechnische Manipulation dieser Zellen und sogar die Züchtung von gentechnisch manipulierten Menschen aus diesen Zellen. Nach heftigen Protesten, u. a. von Greenpeace, wurde dieses Patent 2002 wesentlich eingeschränkt. Nach jahrelangem Rechtsstreit gelang es 2008, ein Patentierungsverbot für menschliche Embryonen – auch für Zellen, die aus Embryonen gewonnen werden – endgültig zu erreichen.

... dass Teile des menschlichen Körpers patentierbar sind?

... dass mehr als 90 Patente im Zusammenhang mit Produkten des indischen Niem-Baumes angemeldet wurden und dies verheerende Folgen für indische Bauern und Firmen hatte?

... dass über 500 Patentanmeldungen auf konventionelle, gentechnikfreie Züchtung Ende 2008 insgesamt vorlagen und rund 70 solcher Patente bereits erteilt waren?

... dass es in den USA nach wie vor keine Kennzeichnung von GVO gibt, in manchen Teilen des Landes aber eine Kennzeichnung von Transfetten, das sind künstliche, gesundheitsschädliche Fette. Die Diskussion kam zu dem Zeitpunkt in Gang, als Monsanto die genmanipulierte Sojasorte „Vistive" auf den Markt brachte, deren Öl einen geringen Transfettgehalt hat.

# 7. TREIBSTOFFE DES TODES

Da mit Sprit mehr Geld zu machen ist als mit Nahrungsmitteln, setzen immer mehr Konzerne auf Energiepflanzen für „Biotreibstoffe". Damit steigt die Armut und die Zahl der Gentechnik-Äcker. Durch Pollenflug werden gentechnikfreie Saaten erst recht verschmutzt. Konzerne bilden mächtige Allianzen und kaufen ganze Universitätsinstitute auf. Dabei liegt die Zukunft der Mobilität nicht am Acker, sondern im effizienten Elektroauto.

Das Ganze hat nichts mit erneuerbaren Energien zu tun, sondern verlängert die Ölwirtschaft", erklärt der US-Amerikaner Eric Holt-Gimenez vom „Food First Institute". „Massive weltweite Investitionen in Biodiesel und Bioethanol lösen Probleme – aber nur für die Agro- und damit vor allem die Gentechnikindustrie, für Banken und Politiker", so der ehemalige Weltbank-Mitarbeiter. Die von den Landwirten gebauten, kleinen Ethanol-Raffinierien in den USA wurden beispielsweise von Archer Daniels Midland, einem der größten Agrarkonzerne der Welt aufgekauft. Riesige Ethanol-Fabriken werden zu Dutzenden aus dem Boden gestampft, was Finanzinstituten sehr gelegen kommt. Und Politiker bräuchten die Wähler nicht auf weniger Konsum vorzubereiten, sondern könnten von einer „Ethanol-OPEC" in Südamerika sprechen.

Besonders die Gentechnik-Industrie reibt sich angesichts der Klimadebatte die Hände: Bei Energiepflanzen rechnet sie mit weit weniger Widerständen als bei der Freisetzung von Nahrungs- oder Futtermittelpflanzen. Was Monsanto & Co. aber nicht sagen: Dass sich genmanipulierte Energiepflanzen genauso überallhin ausbreiten wie Nahrungsmittelpflanzen. So könnte man es innerhalb kürzester Zeit schaffen, über diese Hintertür die Nahrungsmittel zu verschmutzen und so der Gentechnik zum endgültigen Durchbruch verhelfen. Außerdem stehen für die Spritproduktion die drei mit Abstand wichtigsten genmanipulierten Nahrungsmittelpflanzen der Welt zur Verfügung: Soja, Raps und Mais.

Hemmungsloser Gentechnik- und Spritzmitteleinsatz – kaum in einem Bereich ist so viel Profit zu erwarten wie hier. Die Politik hat die Industrie schon längst auf ihrer Seite: Die EU will bis 2020 zehn Prozent ihres Spritbedarfes mit „Biotreibstoffen" decken, Brasilien plant, über Ethanol aus Zuckerrüben der OPEC Konkurrenz machen und in Ländern wie vMalaysien muss der Regenwald Palmölplantagen weichen, deren Früchte Diesel ersetzen sollen. Sogar im an sich gentechnikkritischen Österreich treten Politiker offen für die Gentechnik bei Energiepflanzen ein: „Und wenn wir bei der Biomasse etwas weiterbringen wollen, werden wir dort, nur dort, auch über Gentechnologie reden müssen", erklärte etwa das „ÖVP-Urgestein" Wilhelm Molterer.[1] Ex-EU-Agrarkommissar Franz Fischler, der nicht nur Präsident des Ökosozialen (!) Forums Europa, sondern auch Mitglied des mächtigen IPC (siehe Kapitel 9) im Vorfeld der Welthandelsorganisation WTO ist, setzte noch einen drauf: „Ohne ein Prophet sein zu wollen, bin ich überzeugt, dass wir daher auf die grüne Biotechnologie noch angewiesen sein werden", schreibt er im Zusammenhang mit dem Klimawandel.[2] In Bezug auf die Agro-Gentechnik bezichtigt er dabei die Österreicher der „Schrebergartenmentalität" und als „völlig schizophren". Doch schizophren ist es, den Klimawandel mit der Gentechnik bekämpfen zu wollen. Bislang gibt es keine kommerziell genützte, gentechnisch veränderte Pflanze, die höhere Erträge liefert – ganz im Gegenteil: Oft sind genmanipulierte Pflanzen anfälliger gegen Krankheiten als andere und daher erst der Grund für Ernteausfälle. Mit der Verbreitung der Gentechnik droht vielmehr das „größte Umweltdesaster aller Zeiten", wie Prince Charles im Sommer 2008 warnte.[3]

## Konzerne kooperieren

Riesenprofite warten. Patentierte Pflanzen sollen das „schwarze Gold" ersetzen. Kein Wunder, dass große Erdöl-, Auto-, Agrarhandels- und

Gentechnik-Konzerne über Kooperationen nahe zusammenrücken: VW mit Archer Daniels Midland Company (ADM), einem der weltgrößten Verarbeiter landwirtschaftlicher Produkte; ADM mit dem Gentechnikriesen Monsanto; Monsanto mit BASF; DuPont mit BP; BP mit Toyota; DaimlerChrysler mit Renault, Royal Dutch Shell, Sasol Chevron, Nesteoil und Volkswagen. Syngenta plant den Anbau einer genmanipulierten Maissorte nur für Kraftstoffe. Umwelt- und Verbraucherverbände fordern vor allem Untersuchungen, ob der so genannte Amylase-Genmais Allergien auslösen kann, da dieser auch in die Nahrung kommen kann.

Um Widerstände zu vermeiden, will sich die Industrie mehr und mehr auch die Wissenschaft einverleiben. Das extremste Beispiel stellt der Ölriese BP dar, der im November 2007 u. a. mit der Universität Berkeley in Kalifornien ein Abkommen zur „Erforschung nachhaltiger Energien“ abschloss – unglaubliche 500 Mio. Dollar war BP dieses Geschäft wert. Es handelt sich dabei um den mit Abstand größten Beitrag der Industrie an die öffentliche Wissenschaft in der US-Geschichte. Pflanzen für Biotreibstoffe sollen dabei – wie es in der PR-Sprache heißt – gentechnisch „optimiert“ werden und zur Umwandlung in Treibstoffe sollen Enzyme aus gentechnisch veränderten Mikroorganismen zum Einsatz kommen. „Ich bin überzeugt, dass jede Pflanze, die Menschen einmal nützen werden, letzten Endes gentechnisch verändert sein wird“, wird Chris Somerville, designierter Direktor des im Rahmen des Vertrags neu zu gründenden Instituts für Energie und Biowissenschaften zitiert.

## „Prostitution“

Obwohl sie die Gründung des „BP-Institutes“ letztlich nicht verhindern konnten, war und ist der Widerstand unter Professoren, sonstigem Personal und Studenten gegen diese Abmachung groß. Professor Ignacio H. Chapela charakterisierte das Ganze mit „Prostitution“. „Diese (gentechnisch veränderten) Organismen repräsentieren nicht die Wissenschaft.

Mais zur Spriterzeugung ist wenig effizient und schafft Hunger. Doch „Biotreibstoffe" sollen als Türöffner für die Gentechnik dienen

Wenn überhaupt, dann repräsentieren sie unser Versagen als Wissenschafter, die großen Unzulänglichkeiten unseres Verständnisses der lebenden Organismen und der Ökologie unseres Planeten zuzugeben." In einer Brandrede führte er aus: „Obwohl ein Drittel eines Jahrhunderts und mehr als 350 Milliarden Dollar in den Plunder investiert wurden, bleibt ein Wirbelsturm präziser vorhersehbar und ein Flächenbrand besser kontrollierbar als gentechnisch veränderte Organismen. Inzwischen haben sie sich als katastrophales wirtschaftliches Vorhaben erwiesen, ganz zu schweigen von ihren Umwelt- und sozialen Auswirkungen."
Energiepflanzen, erst recht genmanipulierte, dienen nicht den Menschen, sondern nur den Konzernen. In Europa stehen außerdem viel zu wenige Ackerflächen zur Verfügung, um den Spritbedarf mit Energiepflanzen zu decken. Bleiben die armen Länder, die Land für bitter benötigte Nahrungsmittel verlieren. Die dort angelegten Palmölplantagen können noch dazu in die Katastrophe führen: „Wir konnten nachweisen, dass durch das Anlegen dieser Plantagen und das Abbrennen der Regenwälder und Torfgebiete ein Vieltausendfaches an $CO_2$ freigesetzt wird als das, was wir hier dann in der Folge durch Palmölverbrauch einsparen können. Und damit

ist die Klimabilanz desaströs", erklärt Florian Siegert von der Universität München.[4]

Was wir brauchen, sind „einfache" Menschen mit Hausverstand und keine Gurus. Immer mehr stellt sich heraus, dass gerade der Politiker, der sich als „Retter der Menschheit" ausgibt, in Wirklichkeit als Retter der Gentechnikindustrie fungiert: Als 1996 erstmals genmanipulierte Pflanzen in den USA kommerziell freigesetzt wurden, war Al Gore bereits mehrere Jahre Vizepräsident. Vor den Präsidentschaftswahlen 2000 erklärte er auf seiner Homepage, dass Gentechnik-Produkte die „Ernteeträge steigern können, einige Krankheiten verhindern können und den Gebrauch von Pestiziden, Düngemitteln und anderer Einsatzmengen verringern". Der Lauf der Zeit widerlegte ihn. Als Präsident werde er „weiterhin für die Aufbringung von Mitteln für die landwirtschaftliche Forschung kämpfen und ausländische Handelsbeschränkungen, die auf Angst und Protektionismus basieren, bekämpfen", drohte er weiters gegenüber der EU.[5] Gore konnte beruhigt sein: George W. Bush sollte sich als Präsident dieses Kampfes annehmen. 170.000 Dollar kassiert Gore für Vorträge, die des Öfteren in ein Plädoyer für Biotreibstoffe und damit indirekt für die Gentechnik münden.[6]

## Vertreibung und Tod

Während Agrotreibstoffe wenigen ohnehin schon Reichen Wohlstand bringen, führen sie gerade in armen Ländern massiv zur Verelendung: Hunderttausende kleine Landbesitzer wurden in Brasilien oder Kolumbien bereits vertrieben, um Platz für riesige Soja- oder Zuckerrohrplantagen zu schaffen. Allein in Brasilien waren es 2006 etwa 40.000 Familien, die entweder von ihrem Land vertrieben oder zwangsgeräumt wurden, berichtet die christlich-ökumenische Landpastorale (CPT).[7] Der Ethanol-Boom sei dafür mitverantwortlich. Die britische Tageszeitung „The Guardian" berichtet von 200.000 eingewanderten Zucker-Arbeitern, die landesweit als „Ethanol-Sklaven" für 100 Dollar im Monat arbeiten.[8] Menschen, die sich weigern, ihr Land zu verkaufen, sind zum Teil ihres Lebens nicht mehr

sicher. Im Juni 2007 berichtete die britische „Sunday Times“ über die Ermordung des Kolumbianers Innocence Dias durch Paramilitärs. Heute wachsen auf seinem Land Ölpalmen der Biokraftstoff-Firma Urapalma, mit der die Paramilitärs zusammengearbeitet haben. „Dias starb, weil die Welt ökologisiert wird“, kommentierte die britische Zeitung diesen Fall.[9]
Angesichts dieser Entwicklungen regt sich immer größerer Widerstand: Dutzende deutsche Organisationen aus dem Umweltschutz- und Entwicklungshilfebereich forderten in einem Brief an den Umweltausschuss des Deutschen Bundestages die Volksvertreter auf, „Agrarenergie in keiner Weise zu fördern, sondern sich für konsequente Energieeinsparung einzusetzen.“[10] Der bekannte brasilianische Befreiungstheologe Frei Betto zeigte sich in einem Bericht der „Correio Braziliense“ schockiert über die nationale und internationale Euphorie für Biotreibstoffe, denn diese seien „Treibstoffe des Todes“.[11] So investierte Staatschef Lula da Silva mehrere Milliarden Euro in die Teil-Umleitung des Rio Sao Francisco. Damit sollen neue Biosprit-Monokulturen im Nordosten bewässert werden – zu Lasten der am und vom Sao Francisco lebenden indigenen und traditionellen Bevölkerungsgruppen.
Laut Frei Betto hat aufgrund des jüngsten Ethanolrausches die Bevölkerung Brasiliens im ersten Halbjahr 2007 bereits dreimal mehr für Nahrungsmittel ausgeben müssen als im Jahr zuvor. Doch keine der von Ethanol und Biodiesel begeisterten Regierungen stelle den Individualverkehr in Frage. Betto: „So, als ob die Profite der Automobilindustrie tabu, unangreifbar wären.“

## Hin zum Elektroauto

Müssen wir künftig aufs Auto verzichten, wenn wir weder mit Benzin oder Diesel noch mit Biotreibstoffen fahren sollen bzw. können? Einfache Rechnungen zeigen: Das, was sich zumindest ändern muss, ist die Technologie. „Weg vom ineffizienten Verbrennungsmotor, hin zum Elektroauto“, lautet ein gangbarer Weg. Dann ist es auch möglich, ganz auf erneuerbare Energien umzusteigen: Mit einem Hektar Photovoltaik können mehr als 300 Autos ein Jahr lang fahren, ein Hektar Raps versorgt nicht einmal zwei PKWs. Warum nicht voll auf diese logische Alternative gesetzt wird, hat einen Grund: Elektroautos brauchen keine Tankstellen mehr, sondern nur mehr Steckdosen. Die Konzerne würden all ihre Macht verlieren, die Menschen wären plötzlich von ihnen unabhängig – eine Photovoltaik-Anlage am Dach, eine Batterie zur Stromspeicherung und ein Elektroauto genügen. Die Technik ist schon längst ausgereift, auch haben so gut wie alle Autokonzerne angekündigt, komfortable Elektroautos auf den Markt zu bringen. Jetzt gilt es, politisch Druck zu machen, um einen kompletten Ausstieg aus den Verbrennungsmotoren zu erreichen.

**Weitere Vorteile des Elektroautos:**

- Keine Abgase
- Kaum Lärm
- Stromkosten von weniger als zwei Euro pro 100 km
- Unabhängigkeit
- Friedenssicherung: kein Krieg für Öl
- Beitrag zu einer gerechteren Welt: Keine Ausbeutung armer Länder
- Jedes Land nützt die eigenen (erneuerbaren) Energiequellen

Voraussetzung für den Frieden ist, dass jedes Land sich mit Lebensmitteln (inklusive Futtermittel) und Energie selbst versorgt. „Lebensmittel- und Energieneutralität" könnte die Zauberformel der Zukunft sein: So wie ein militärisch neutrales Land kein anderes angreifen darf, so wird ein lebensmittel- und energieneutrales Land kein anderes ausbeuten.

# 8. DER HUNGER NACH DEN ARMEN LÄNDERN

**Noch immer stößt den USA das Debakel von 2002 auf, als afrikanische Länder trotz Hungersnot sich gegen Gentechnik-Hilfslieferungen wehrten. Nun sollen Bill Gates & Co. die Gentechnik nach Afrika bringen. Dabei bestätigt selbst der Chef des Gentechnikkonzerns Syngenta, dass Gentechnik nicht die Ernährungskrise lösen kann. Vielmehr könnte sie zu neuen Hungerkatastrophen führen, wie ein Beispiel aus Südafrika zeigt. Die Lösung ist die biologische Landwirtschaft, die sensationelle Potenziale hat.**

Die Stunde der Gentechnikindustrie scheint gekommen. In den ärmsten Ländern hungern mehr Menschen als je zuvor – sie sind von den steigenden Sprit- und Lebensmittelpreisen sowie von der globalen Finanz- und Wirtschaftskrise am stärksten betroffen. Fatale Missernten wie beispielsweise 2007 im südlichen Afrika tun ihr Übriges. „Allianz für eine Grüne Revolution in Afrika" (AGRA) nennt sich das Projekt, das im September 2006 von Microsoft-Gründer Bill Gates im Namen seiner Stiftung sowie der Rockefeller-Stiftung aus der Taufe gehoben wurde. 150 Millionen Dollar stehen bereit, um die „Produktivität der Bauernhöfe und die Einkommen der Armen wesentlich zu steigern" und damit „Armut und Hunger zu beenden", wie es heißt.[1]

Binnen zehn Jahren sollten 400 neue Sorten für eine Steigerung der Ernten um 50 Prozent sorgen, so die Vorstellung.[2] Als AGRA-Vorsitzender wurde mit Ex-UNO-Generalsekretär Kofi Annan wohl das Aushängeschild Afrikas erkoren. Doch die Fäden ziehen Befürworter und Vertreter der Gentechnik: Die Rockefeller-Stiftung; Norman Borlaug, inzwischen verstorbener „Vater der Grünen Revolution", der den Saatgut- und Chemiemultis den Weg nach Asien bahnte und dann vehementer Fürsprecher der Gentechnik war; Robert Horsch, Vizepräsident von Monsantos Technologie-Kooperationsprogramm und Andrew Young, Ex-US-Botschafter bei der UNO und gleichzeitig Ex-Propagandist für Monsanto in Afrika.[3] Wieder einmal macht das Dreigespann US-Regierung, Privatstiftungen und Gentechnikindustrie mobil – wenngleich Ex-UNO-General Annan gleich nach Amtsantritt für einen „Betriebsunfall" sorgte: „In der Allianz werden wir keine GVO in unseren Programmen nützen", erklärte dieser in der kenianischen Tageszeitung „Business Daily". Wenig später stellten die Verantwortlichen auf der AGRA-Homepage klar, dass die Gentechnik für die Zukunft keineswegs ausgeschlossen werde.[4] Wenn die Rockefeller-Stiftung und Monsanto-Leute zusammen ein Projekt machen, kann die Gentechnik nicht weit sein. Zusammen mit dem vermeintlich untadeligen Kofi Annan soll offensichtlich der anhaltende Widerstand Afrikas gegen die Gentechnik gebrochen werden.

Denn immer noch stößt den USA und den Gentechnik-Konzernen das Debakel auf, das sie 2002 erlitten haben: Damals stemmten sich die von einer Hungerkatastrophe betroffenen Staaten gegen die Genmais-„Hilfslieferungen" der USA. An der Speerspitze stand dabei Sambia, das Genmaisimporte im Wert von 50 Mio. Dollar ganz verweigerte. Andere Staaten ließen nur gemahlenen Genmais einführen. Der Grund: Mais zählt in Afrika zu einem der Grundnahrungsmittel. Importierter Körnermais wird nicht nur gegessen, sondern auch angebaut. Vor allem das Gesundheitsrisiko und die Verpflichtung zu Patentzahlungen waren den Regierungen zu groß.

## EU-Agrarförderungen machen Hunger

Inzwischen leisteten westliche Regierungen ganze Arbeit, um afrikanischen Bauern ihre Existenz zu rauben und damit Flüchtlingsströme zu provozieren. Nicht mit Waffen wurden Millionen Menschen aus ihren Heimatdörfern vertrieben, sondern unter dem Deckmantel der

„Entwicklungshilfe“ oder durch Exportsubventionen. Der Nahrungsmittelmulti Nestlé kassierte zwischen 1999 und 2005 beispielsweise mehr als 488 Millionen Euro EU-Exportsubventionen, der Molkereiriese Campina gar unglaubliche 731 Millionen Euro nur für seine niederländische Zentrale. Das sind deutlich mehr EU-Gelder, als alle österreichischen Landwirte pro Jahr von Brüssel an Umweltförderungen bekommen. Die EU-Agrargelder gehen in die Industrie statt zu den Bauern. Konzerne steigern damit ihre Marktmacht, können Preise drücken und füllen ihre Kriegskassen, während Bauernexistenzen in Nord und Süd vernichtet werden.

**Drei Beispiele dazu:**

- Erst im November 2007 führte die EU-Kommission neue Exportförderungen für tiefgefrorenes Schweinefleisch ein. Dieses wird beispielsweise in Kamerun für 1 Euro pro Kilo verkauft, während frische, heimische Ware 2,50 Euro kostet. Das Preisdumping bedroht viele afrikanische Züchter, Mäster, Schlachter, Verarbeiter etc.[5] 210.000 Arbeitsplätze gehen dadurch in Westafrika verloren, rund 1,4 Millionen Menschen werden in die Armut geschickt, erklärte Francisco Mari, Afrika-Experte beim Evangelischen Entwicklungsdienst EED in der Sendung „Report Mainz“.
- In Burkina Faso kostet ein Liter heimischer Frischmilch 70 Cent, EU-Milchpulver mit 30 Cent nicht einmal die Hälfte.
- Kenia erhielt aus den USA Milch, um jedem Kind drei Mahlzeiten pro Tag zu bieten, erzählt Wanjiru Kamau von der kenianischen Bio-Organisation KOAN. „Das war aber bei uns nie der Fall, auch Generationen vor uns nicht. Wir hatten nie Überfluss, aber hungern mussten wir auch selten.“ Doch die „Entwicklungshilfe“ erwies sich als Entwicklungshilfe für die Gentechnikindustrie: Die Milch stammte von Kühen, die in den USA mit dem – in der EU verbotenen – gentechnisch veränderten rBST-Hormon behandelt wurden.

Diese und ähnliche Maßnahmen führten zur Katastrophe, wie sie erzählt: „Die Bauern mussten in Scharen ihr Land verlassen, weil sie ihre Waren nicht mehr verkaufen konnten – die ‚Entwicklungshilfeprodukte' waren meist um die Hälfte billiger als ihre Produkte."

„Ein Kind, das an Hunger stirbt, wird ermordet", sagt Jean Ziegler, langjähriger UNO-Sonderberichterstatter für das Recht auf Nahrung. Wo ein Verbrechen, da muss es auch Täter geben: Die „mörderische EU-Agrarpolitik" steht für Ziegler ganz oben auf der Liste – dazu kommen Auslandsschulden und multinationale Konzerne wie Nestlé.[6] Trotz der anhaltenden Schwächung des Schwarzen Kontinents scheint der Widerstand noch ungebrochen. Nachdem fünf Gentechnik-Lobbygruppen in der „Times of Zambia" für die Zulassung von GVO plädierten, erwiderte der sambische Außenminister Ben Kapita: „Wir haben immer gesagt, dass sich Sambia nicht zur Müllhalde von Gentechnikprodukten machen lässt."[7] Doch der Druck wird immer größer. Egal ob Bananen oder Süßkartoffeln, alle lebenswichtigen Früchte stehen auf dem Speiseplan der Konzerne. Mit dabei die üblichen Verdächtigen, wie ein 2007 gestartetes Forschungsprojekt über genmanipulierte Süßkartoffeln zeigt: Multimilliardär Warren Buffet mit einer seiner Stiftungen, Monsanto und nationale Forschungszentren wie jenes von Uganda.

„Ohne gentechnisch veränderte Organismen lässt sich dieser Planet nicht ernähren", erklärte beispielsweise Ex-Nestlé-Chef Peter Brabeck ohne Umschweife. Er kritisierte die EU für ihre – in Wahrheit gar nicht vorhandene – „gentechnikkritische Haltung", die sich „vor allem gegen afrikanische Staaten" richte.[8]

## Syngenta-Chef: „Gentechnik wird Krise nicht lösen"

Es ist wohl eine der größten und der am weitesten verbreiteten Lügen rund um die Gentechnik, dass sie das Mittel gegen den Hunger in der Welt wäre. Das geben inzwischen Gentechnik-Konzerne und Pro-

Wanjiru Kamau: Milch mit genmanipuliertem Hormon aus USA als „Entwicklungshilfe“: „Bauern mussten in Scharen ihr Land verlassen.“

Gentechnik-Wissenschafter unumwunden zu: „Gentechnik wird nicht die Ernährungskrise lösen, zumindest nicht kurzfristig“, erklärte etwa Martin Taylor, Chef des Agrochemie- und Gentechnikkonzerns Syngenta. Es würde zwanzig Jahre dauern, um Pflanzensorten auf den Markt zu bringen, die auf die Probleme der Entwicklungsländer zugeschnitten seien, so Taylor Ende Juni 2008.[9] Wenige Tage später erklärte Denis Murphy, Vorstand der Biotechnologie-Abteilung der Universität Glamorgan in Wales und einer der führenden Gentechnik-Wissenschafter Großbritanniens: „Der Zyniker in mir denkt, dass sie (die Gentechnikindustrie) die herrschende Lebensmittelkrise und Treibstoffkrise als ein Sprungbrett nützen, um gentechnisch veränderte Pflanzen zurück auf die Tagesordnung zu treiben. Ich verstehe, warum sie es tun, aber es besteht die Gefahr, dass, wenn sie diese Behauptungen machen über gentechnisch veränderte Pflanzen als Problemlöser bei Trockenheit oder Welternährung, das ist Bullshit.“[10]

Genau in diese Kerbe schlug eines der am perfektesten inszenierten Projekte der Gentechnikindustrie: der „Goldene Reis“ bzw. „Golden Rice“ des Wissenschafters Ingo Potrykus. Unterstützt vor allem von der

Rockefeller Foundation und Syngenta, sollten mit ihm Vitamin-A-Mängel und damit Blindheit und Tod in armen Ländern vermindert werden. Doch schon bald nach der Präsentation im Jahr 2000 stellte sich heraus, dass ein Erwachsener täglich mehrere Kilogramm Genreis essen müsste, um den Vitamin-A-Bedarf zu stillen. Obwohl die Entwickler 2005 angaben, dieses Problem gelöst zu haben, ist er – abgesehen von vielfachen möglichen Gefahren – schlicht und einfach unnötig: Die Ausgabe von Nahrungsergänzungsmitteln, die stärkere Einbeziehung bereits existierender Nahrungsmittel mit hohem Vitamin-A-Gehalt und der Anbau von Karotten oder bestimmten Blattgemüsen wäre zumindest derzeit ein aussichtsreicherer Weg, erklärte beispielsweise der WHO-Ernährungsexperte Francesco Branca.[11]

Dass Gentechnik kein taugliches Mittel ist, den Hunger zu bekämpfen, sondern zu Hungersnöten führen kann, wurde 2009 in Südafrika deutlich: Auf rund 100.000 Hektar – kritische Quellen sprechen von bis zu 200.000 Hektar – sah der Genmais zwar äußerlich gut aus, aber die Kolben waren steril. Sie enthielten wenige oder keine Körner. Drei Sorten waren insgesamt betroffen, alle stammten von Monsanto. Mariam Mayet vom gentechnikkritischen „African Center for Biosafety“ („Afrikanisches Zentrum für Biosicherheit“) in Johannesburg bezifferte die Ernteverluste mit bis zu 80 Prozent. Monsanto sprach von 25 Prozent – und entschädigte die betroffenen Landwirte mit insgesamt 42 Mio. Dollar. Gleichzeitig sei ihnen verboten worden, mit den Medien oder der Öffentlichkeit zu sprechen, wie das „Zentrum für Biosicherheit“ herausfand. Während Monsanto dem Züchtungsprozess der Hybridsorte die Schuld gibt und jeden Zusammenhang mit der Gentechnik abstreitet, räumt ein veröffentlichtes Protokoll der südafrikanischen Gentechnik-Regulierungsbehörde „Executive Council“ auch andere mögliche Gründe ein: Missernten „können das Ergebnis der Durchführung fehlerhafter Spritzprogramme sein“, heißt es hier auf einmal.[12] Wegen dieser Widersprüche fordert Mayet von der Regierung volle Aufklärung: „Wir wollen eine korrekte

Untersuchung und danach eine korrekte Erklärung der Vorfälle.“ Und: „Wir wiederholen die Forderung nach einem Verbot aller GVO.“[13]

## Massenselbstmorde

Was die Gentechnik konkret anrichten kann, zeigt das Beispiel Indien: 2002 erhielt Monsanto die Zulassung für seine gentechnisch veränderte Baumwolle „Bollgard“. Sie produziert wie eine Giftpflanze ein Gift gegen den Baumwollkapselbohrer, einen gefürchteten Schädling. Monsanto lief bei den Bauern zum Teil offene Türen ein, da nach jahrzehntelanger Bewirtschaftung in Monokultur der Baumwollkapselbohrer überhand genommen und einen immer höheren Spritzmitteleinsatz verlangt hatte. Die Gentechnik verschärfte das Problem noch, wie die indische Physikerin und Alternativ-Nobelpreisträgerin Vandana Shiva erklärt: „Monsanto versprach 1.500 kg Baumwolle pro Acre (Anm.: 1 Acre = ca. 0,4 Hektar), der durchschnittliche Ertrag beläuft sich aber nur auf 300 kg. Da die Saaten von Monsanto sehr viel kosten, häuften die Bauern Schulden an.“ Viele Bauern sahen im Selbstmord den einzigen Ausweg. Tausende sind es pro Jahr, Shiva spricht gar von 200.000 Selbstmorden in der Vergangenheit, wovon ein beträchtlicher Teil mit den Bt-Pflanzen in Verbindung stünden. Es geht aber auch anders: „Wo die Bauern ihre eigenen Saaten verwenden, gibt es keine Selbstmorde.“ Für Shiva ist das Ganze „Genozid“, also Völkermord. Jaideep Hardikar begann als Journalist die Selbstmorde zu zählen und darüber zu schreiben. Sein Resümee: „Es wäre humaner, das Land zu bombardieren, dann würden sie <die Bauern> schneller sterben.“
Mit der heute produzierten Nahrung könnten ungefähr doppelt so viele Menschen ernährt werden, als auf der Erde leben. Hunger ist somit kein Produktions-, sondern ein Verteilungsproblem. Nahrungsmittel-Spekulationen und Agrotreibstoffe verschärfen die Hungerproblematik zusätzlich. Die Preise für Sojabohnen, Mais und Weizen stiegen von März 2007 bis März 2008 um jeweils 87 Prozent, 31 Prozent und

Alternativ-Nobelpreisträgerin Vandana Shiva: „Genbaumwolle ist Völkermord."

130 Prozent. Betroffen sind vor allem die vielen Menschen, die ihr Land aufgaben und in den Elendsvierteln der Städte ihre Existenz nicht bestreiten können. „Die Umwandlung von fruchtbarem Ackerland zur Herstellung von Biokraftstoffen ist ein Verbrechen gegen die Menschlichkeit", erklärte Jean Ziegler. Für die Herstellung von 50 Litern Ethanol benötige man 232 Kilo Mais. „Damit kann ein Kind in Mexiko oder Sambia ein ganzes Jahr ernährt werden", so der ehemalige UNO-Sonderberichterstatter für das Recht auf Nahrung.

Dass Gentechnik nicht zur Welternährung beiträgt, stellten rund 400 Wissenschafter aus aller Welt im 2008 veröffentlichten Weltagrarbericht fest – dies ist umso erstaunlicher, weil diese von den Regierungen entsandt wurden.

## Bio kann die Welt ernähren

Die Lösung des Hungerproblems (und auch der Klimaprobleme) ist hingegen die biologische Landwirtschaft. Wie Forscher der Universität Michigan rund um Ivette Perfecto 2007 feststellten, ist in Entwicklungsländern schon jetzt die Erntemenge bei Bio-Landwirtschaften im

Schnitt höher als bei konventionell betriebenen. 293 Beispiele aus aller Welt dienten als Grundlage der Studie. Wenn der bereits vorhandene organische Dünger genützt wird, könnten die Erträge bei Umstellung auf Bio verdoppelt oder verdreifacht werden, was selbst die Studienautoren höchst überraschte. Mittels Gründüngung zwischen den Ernten würden Leguminosen genug Stickstoff binden, um den in Form von Kunstdünger ausgebrachten Stickstoff ersetzen zu können. Die Welt, vor allem die „arme“ Welt, kann sich mit biologischer Landwirtschaft gut ernähren, lautet die Schlussfolgerung.

### UNO bestätigt: Gentechnik widerspricht Menschenrechten

Lange verschloss die UNO ihre Augen vor den Gefahren der Gentechnik oder sah sogar Chancen in ihr. Erstmals traten 2005 Vertreter der österreichischen Antigentechnikplattform „Pro Leben“ vor den UN-Ausschuss für wirtschaftliche, soziale und kulturelle Rechte (kurz: UN-Menschenrechtsausschuss). Im anschließenden Report des Ausschusses wurde das Thema totgeschwiegen. Dasselbe passierte ein Jahr später, als der kanadische Landwirt Percy Schmeiser die verheerenden Auswirkungen von Gentechnik-Saaten in seinem Heimatland schilderte. 2008 verfasste die deutsche Aktivistin Christiane Lüst ihren bereits dritten Parallelreport zum Thema Gentechnik und trat die indische Alternativ-Nobelpreisträgerin Vandana Shiva vor den UN-Menschenrechtsausschuss. Im Report an die indische Regierung hieß es in Punkt 29: *„Das Komitee ist tief besorgt, dass die extreme Not, die die Bauern erleiden müssen, zu einer steigenden Häufigkeit von Bauern-Selbstmorden während des vergangenen Jahrzehntes geführt hat. Das Komitee ist besonders besorgt, dass die extreme Armut unter den Kleinbauern, verursacht durch den Mangel an Land, mangelnden Zugang zu Krediten und adäquaten ländlichen Infrastrukturen, durch die Einführung von genetisch verändertem Saatgut durch multinationale Konzerne und die daraus resultierende Preiseskalation bei Saatgut, Dünger und Pestiziden, vor allem in der Baumwollindustrie, verschlimmert wurde.“*[14]

# 9. FREIE DEMOKRATIEN FREI VON GENTECHNIK

> *„Wer in der Demokratie schläft, wacht in der Diktatur auf."*
>
> Goethe

**Die Globalisierung zerstört die Demokratie. Weltweite Regelwerke wie jenes der Welthandelsorganisation WTO versuchen, die Gentechnik den Menschen ebenso aufzuzwingen wie transnationale Gebilde à la EU. In Ländern wie der Schweiz, wo die Menschen direkt selbst bestimmen können, hat die Gentechnik hingegen keine Chance. Ob Obama-Regierung, EU-Kommission oder so manche Massenmedien – sie sind fest in der Hand der Gentechnik-Lobby. Doch das Ende der Gentechnik naht, wenn Menschen rund um den Globus so zusammenhalten wie 2004 japanische Aktivisten, als sie kanadischen Genweizen verhinderten.**

Es besteht daher keine vernünftige Rechtfertigung dafür, diese gentechnisch modifizierten Organismen und Nahrungsmittel nicht in Österreich zuzulassen. (…) Die Vereinigten Staaten sind jedoch besorgt, dass manche Einwände gegen GMOs protektionistischen Motiven entspringen. (…) Deshalb hat die WTO den Vereinigten Staaten und anderen betroffenen Nationen das Recht zugebilligt, Handelsprivilegien mit jenen Nationen oder Zollunionen zu suspendieren, die die Einhaltung der WTO-Beschlüsse ablehnen, und die Regierung der Vereinigten Staaten behält sich dieses Recht auch vor."

Am 20. März 2008 veröffentlichte die US-Botschaft in Wien diese Pressemitteilung. Sie ist nichts anderes als eine offene Drohung in Diplomatensprache: Wenn ihr Österreicher unsere GVO (= „GMOs") nicht zulässt, dann werden wir, die USA, euch mit Handelssanktionen bestrafen. Das war auch ein Zweck, warum die Welthandelsorganisation WTO 1995 gegründet wurde: Erstmals war es nun möglich, Sanktionen gegen unwillige Länder zu verhängen. Denn Ziel der WTO ist es, weltweit den freien Handel durchzusetzen. Lebensmittel sollten endgültig mit Industriewaren gleichgesetzt werden. Im August 2003 verklagten die USA, Kanada und Argentinien die EU bzw. ihre Mitgliedsländer wegen Zulassungs-[1] und Importbeschränkungen von GVO. In Wahrheit verklagten sie die Menschen Europas, denn die von keinem Volk gewählte EU-Kommission stand seit jeher im Dienste der Gentechnikindustrie. So flehte der damalige EU-Agrarkommissar Franz Fischler wenige Monate vor Einreichung der Klage in Richtung USA: „Wir von der Kommission werden alles tun, um zu zeigen, dass wir unsere Aussage ernst meinen, dass wir für die Biotechnologie sind.“[2] Doch die Klage ließ sich nicht mehr aufhalten: Zwar arbeitete die EU-Kommission an der Aufhebung der Gentechnik-Hürden, doch viele nationale Regierungen stemmten sich, wenn auch meist halbherzig, dagegen. In der US-Regierung herrschte hingegen Einigkeit: „Um eines Kontinents Willen, der von Hunger bedroht ist, mahne ich die europäischen Regierungen, ihren Widerstand gegen die Biotechnologie zu beenden“, schwang US-Präsident George W. Bush mit der afrikanischen Hungerkeule in Richtung EU.[3] Die zwei Hauptbetreiber der WTO-Klage wurden in Folge mit hohen Posten belohnt: US-Landwirtschaftsministerin Ann Veneman wurde 2005 Chefin des UN-Kinderhilfswerkes UNICEF und US-Handelsdelegierter Robert Zoellick 2007 Präsident der Weltbank – einer Institution, die über Jahrzehnte mit radikalen Privatisierungen Armut, Umweltzerstörung und Menschenrechtsverletzungen massiv begünstigte.[4]

Im Urteilsspruch des WTO-Schiedsgerichtes 2006 wurden die EU-Staaten aufgefordert, ihre Beschränkungen fallen zu lassen – was zum Teil ohnehin schon geschehen war. Auf dieses Urteil bezieht sich auch die obige Presseaussendung der USA gegen Österreich. Laut WTO-Regeln sind Handelsbeschränkungen für Lebensmittel nur erlaubt, wenn eine Gefährdung von Gesundheit oder Leben wissenschaftlich begründet werden kann.[5] Tierhaltung, Umwelt oder Soziales spielen keine Rolle. Wie die Praxis gezeigt hat, wird nur das als „wissenschaftlich" anerkannt, was die mächtigen Gremien, z. B. des Codex Alimentarius (weltweit) oder der EU-Lebensmittelbehörde EFSA (EU-weit) beschließen. Von hier aus wird ununterbrochen grünes Licht für die Gentechnik gegeben.

Hand in Hand mit der Gentechnik-Entwicklung werden bürgerferne Gebilde wie die EU immer größer und mächtiger. Der Druck der Globalisierung frisst bislang selbstständige Staaten regelrecht auf. Die Möglichkeiten der Mitbestimmung des Einzelnen werden dadurch immer geringer. Nationalstaaten werden über Medien, Politiker und auch mehrere ideologisch geprägte Nichtregierungsorganisationen systematisch schlecht gemacht. Dem widerspricht Jean Ziegler, jahrelanger UNO-Sonderbotschafter für das Recht auf Nahrung, heftig: „Der Zerfall des Nationalstaates bringt den Zerfall des Gesellschaftsvertrages und die Atomisierung des Bürgers mit sich. (…) Wenn die Regierung keine Macht mehr hat, dann bleibt auch der Bürger ohnmächtig dem Raubtierkapitalismus ausgeliefert."[6]

## Je demokratischer, desto gentechnikfreier

Mehrere Beispiele geben Ziegler recht: Dort, wo das Volk bestimmen darf, hat die Gentechnik auch keine Chance. Und je selbstständiger der Staat ist, desto besser:

1.) Gentechnik-Volksbegehren von 1997 in Österreich. Mehr als 1,2 Millionen Bürger unterschrieben und machten es zum zweiterfolgreichsten Volksbegehren aller Zeiten. Die drei Forderungen lauteten:

- Kein Essen aus dem Genlabor (= ein Verbot von genmanipulierten Nahrungs- und Futtermitteln)
- Keine Freisetzungen gentechnisch veränderter Organismen in der Landwirtschaft
- Kein Patent auf Leben

Stolze Schweizer: Dank direkter Demokratie sind sie „gentechfrei"

Das Signal war so stark, dass seither kein Politiker es wagt, positiv von der Gentechnik zu sprechen – auch wenn er anders handelt. Doch Volksbegehren sind nicht bindend und können ignoriert werden – im Gegensatz zu Volksabstimmungen in der Schweiz. Außerdem widersprechen die Forderungen der EU-Gesetzgebung. Punkt 1 und 3 wurden dementsprechend schnell gebrochen, doch der Anbau blieb bis heute absolut sauber.

2.) Das bolivianische Volk stimmte 2008 über die von Präsident Evo Morales vorgelegte neue Verfassung ab. Sie wurde mit 61,4 Prozent Ja-Stimmen klar angenommen. In Art. 255 heißt es: „Die Verhandlung, Unterschrift und Ratifizierung von internationalen Verträgen werden von den folgenden Prinzipien bestimmt: Sicherheit und Ernährungssouveränität für die ganze Bevölkerung und dem Verbot der Einfuhr, Herstellung und Vermarktung von gentechnisch modifizierten Organismen und toxischen Bestandteilen, die der Gesundheit und der Umwelt schaden."

3.) In Norwegen wurde 1996 eine 16-köpfige Laien-Konsens-Konferenz[7] zum Thema Gentechnik einberufen. Sie bestand aus Menschen aller sozialer Schichten, Regionen und Altersklassen. Die Laien wurden von Experten zum Thema Gentechnik unterrichtet, befragten Gentechnikfirmen und berieten sich anschließend untereinander. Das Ergebnis war ein klares „Nein" zum Inverkehrbringen von gentechnisch veränderten Nahrungsmitteln.

Somit unterstützten Vertreter des Volkes das 1993 erlassene Gentechnikgesetz (Gene Technology Act). Demnach müssen GVO nicht nur sicher für Gesundheit und Umwelt sein, sondern auch einen Vorteil für die Gesellschaft haben und zur nachhaltigen Entwicklung beitragen. Norwegen hat mit dem „GenØk" das wohl unabhängigste Gentechnik-Forschungszentrum der Welt, hat Antibiotika-Resistenzgene verboten und konnte die Gentechnik generell bislang weitgehend fernhalten.[8]

4.) Volksabstimmung 2005 in der Schweiz. Regierung und Parlament wollten Gentechnikregelungen ähnlich jenen der EU erlassen. Widerstand regte sich, die „Gentechfrei-Volksinitiative" sammelte über 100.000 Unterschriften und erzwang so eine Volksabstimmung. Gefordert wurde ein totales kommerzielles Gentechnik-Anbauverbot („Moratorium") für die nächsten fünf Jahre. Am 27. November 2005 stimmten 55,7 Prozent der Wähler mit „Ja". Es war ein historisches Ergebnis: Von den bislang 250 zustande gekommenen Volksinitiativen in der Geschichte des schweizerischen Bundesstaates erreichte zuvor keine einzige gegen den Widerstand von Regierung und Parlamentsmehrheit in allen Kantonen eine Mehrheit.

Was noch dazukommt: In der Schweiz wird – im Gegensatz zur EU – kein Gensoja an Tiere verfüttert. 99,99 Prozent der importierten Soja-Futtermittel sind gentechnikfrei,[9] sonst ist in den westlichen Ländern das Verhältnis eher umgekehrt. So werden in Österreich jährlich rund 500.000 Tonnen Gensoja an Nutztiere verfüttert. In Brasilien wurden 2007 mindestens 28 Mio. Tonnen gentechnikfreie Sojabohnen geerntet. In der EU werden jedes Jahr rund 32 Mio. Tonnen Sojaschrot aus 45 Mio. Tonnen Bohnen verfüttert. Das heißt, dass bei verstärktem Anbau regionaler Futtermittel der gesamte Sojaschrotbedarf in der EU gentechnikfrei gedeckt werden könnte.

Die Schweiz zeigt: Das Volk ist weiser als die Politik. Auch fielen die Menschen auf Angstmache nicht hinein. So veröffentlichte die allgemein angesehene „Neue Zürcher Zeitung“ (NZZ) am 4. November 2005, drei Wochen vor der Volksabstimmung, eine Studie der Konjunkturforschungsstelle (KOF) der ebenfalls angesehenen ETH Zürich. Bis zu 40.000 Schweizer Arbeitsplätze seien in Gefahr, zitierte die Zeitung den Leiter der Forschungsstelle Bernd Schips. Vor allem Forschung und Entwicklung wären betroffen, hieß es. Grund: Beeinträchtigung der Chemie- und Pharmaindustrie, da keine genmanipulierten Pharmapflanzen – z. B. Genmais, der einen Impfstoff produziert – freigesetzt werden dürften.[10] Unmittelbar nach der Volksabstimmung schaute auf einmal alles anders aus: „Auf die Forschungsaktivitäten der Schweizer Industrie wird das ‚Ja‘ zum Gentechnik-Moratorium keine unmittelbaren Auswirkungen haben“, hieß es am 29. November 2005 in der NZZ.[11]

## „Oben“ gegen „Unten“

Auf der ganzen Welt prallen derzeit zwei Fronten aufeinander: „Die da oben“ gegen „die da unten“. Die „Oberen“, die Globalisierer, Konzerne, Verfechter überstaatlicher Gebilde – fast durchwegs auch die Vertreter der nationalen Regierungen – und viele Wissenschafter drängen auf schnelle, einheitliche Gentechnik-Zulassungen. Die EU-Mitgliedsländer dürfen z. B. künftig nicht mehr einzelne Gentechniksorten verbieten – auch nicht für eine kurze Zeit.[12] 15 (!) neue Gentechnikpflanzen stehen vor der Zulassung für den Anbau, während diese Zulassung mit Stand 2009 „nur“ der Genmais MON 810 hatte. „Unten“ dagegen steht die breite Masse der Bevölkerungen, die weiterhin gesunde, sichere Nahrungsmittel haben will. Nur beständiger, entschlossener, friedlicher Druck kann etwas bewirken. Das Problem an der EU-Gesetzgebung: Generelle Anbauverbote wie in der Schweiz sind verboten. Nur Teilverbote für einzelne Sorten waren bisher erlaubt, in der Zukunft jedoch auch nicht mehr.

2008 verbot die französische Regierung den Anbau der Genmaissorte MON 810. Sie machte dies nicht aus Eigenantrieb, sondern wegen eines beharrlichen Widerstandes der Bevölkerung. Mehrere tausend Franzosen waren sogar bereit, Gentechnikfelder zu zerstören und dafür ins Gefängnis zu gehen. An vorderster Front stand dabei José Bové, Gründer des alternativen Bauernverbandes Confédération Paysanne: „Wir werden nicht aufhören zu kämpfen. Wenn sie uns einsperren, werden wir erst recht weitermachen. Wir werden weiterkämpfen, bis es keine Gentechnik-Pflanzen mehr gibt", erklärte er beispielsweise 2006 bei einem Auftritt in Wien.

Österreich hatte bereits lange zuvor diesen Genmais verboten. Doch alle österreichischen wissenschaftlichen Studien wurden von der EU-Lebensmittelbehörde EFSA für nicht relevant erklärt. Immer wieder ließ die EU-Kommission die anderen (!) Länder über die österreichischen Belange abstimmen. Zunächst gelang es, Österreich zur Importzulassung der Genmaissorten MON 810 und T 25 zu zwingen, im vierten Anlauf sollten auch die Äcker erobert werden.

## „Österreich wird – kein – Gentechnikland"

Für 2. März 2009 war die Abstimmung der EU-Agrarminister festgesetzt und Österreich brauchte zumindest 72 Prozent der Stimmen, um das Anbauverbot aufrechtzuerhalten. Dies schien aussichtslos: „Österreich wird Gentechnikland", titelte die Tageszeitung „Die Presse" zehn Tage zuvor. „Die letzte Bastion, die Schutzklausel, fällt. (...) Das Verbot von Genmais ist nicht zu halten", hieß es. EU-Kommissionspräsident José Manuel Barroso habe sich „persönlich für eine Abschaffung stark gemacht" und werde darauf „schon deshalb pochen, weil er im Herbst 2009 für fünf weitere Jahre als Chef der Kommission wiedergewählt werden möchte", berief sich die Zeitung auf nicht näher genannte Informanten „in Brüssel".[13]

Gerade Männer: Urs Hans, Richard Leopold Tomasch („Pro Leben"), Percy Schmeiser, Gottfried Glöckner, Anton Moser, Volker Helldorff (v.l.n.r.)

Das wollten viele Österreicher nicht glauben. In kürzester Zeit wurde unter dem Dach der neu gegründeten „Initiative Gentechnikverbot" eine parteiunabhängige Demonstration auf die Beine gestellt. Zwei Tage vor der Abstimmung versammelten sich mehr als 2.000 Menschen in Wien und zeigten ihre Entschlossenheit, in jedem Fall weiter Widerstand zu leisten. Dieser Druck, zusammen mit den Verhandlungen österreichischer Umweltschutzorganisationen und Politiker mit den Verantwortlichen der anderen Länder, bewirkte das „Ausgeschlossene": Österreich gewann die Abstimmung. Ebenso wie Ungarn. Im letzten Moment hatte Deutschlands Umweltminister Sigmar Gabriel auf die Seite der Österreicher gewechselt und ein positives Abstimmungsergebnis ermöglicht. Wenige Wochen später verbot Luxemburg den Monsanto-Mais. Gesundheitsminister Mars Di Bartolomeo verlautbarte dies beim Aktionstag „Luxemburg und Großregion ohne Gentechnik". Im April zog Deutschland nach: Sabine Aigner verkündete den Anbau-Stopp. Auch hier hatte der Erfolg viele Väter und natürlich Mütter: Die Initiative Zivilcourage, der Futtermittelhändler Josef Feilmeier, die Feldbefreier der Aktion

„Gendreck weg“, Greenpeace, kirchliche Gruppen – um nur wenige zu nennen. So sorgte „Zivilcourage“ für Aufsehen, weil auf einmal tausende Bauern aktiv gegen die Gentechnik aufstanden, nachdem Landwirtschaftsminister Horst Seehofer 2006 von der Gentechnik als „Zukunftstechnologie“ sprach. Allerorts wurden Veranstaltungen organisiert, die immer größer wurden. Vorläufiger Höhepunkt waren 3.500 Zuschauer im Februar 2009 in der Rosenheimer Inntalhalle, wo die indische Alternativ-Nobelpreisträgerin Vandana Shiva mit Defiliermarsch begrüßt und frenetisch bejubelt wurde. Seehofer – vielerorts nur mehr als „Genhofer“ bezeichnet – musste zumindest halbherzig umkehren, um nicht viele Stammwähler zu verlieren. Dennoch taumelte die CSU von einer Niederlage in die andere.

## Zivilcourage und Feldbefreier

Weiters fanden auch in Deutschland mehrere öffentlich angekündigte „Feldbefreiungen“ statt, um Genmais unschädlich zu machen und um Medienpräsenz zu erreichen. „Wir müssen das machen, weil wir gesehen haben, dass sich Politiker von Unterschriftensammlungen nicht beirren lassen“, erklärte Berufsimker Michael Grolm anlässlich einer Aktion in Badingen/Brandenburg im Sommer 2006. 400 Gentechnikgegner standen einer Reiterstaffel, zig Einsatzkräften mit Polizeihunden und insgesamt mehr als 200 Polizisten, unterstützt durch einen Polizeihubschrauber, gegenüber. Dennoch gelang es einigen Aktivisten ins Genmaisfeld zu gelangen und einen Teil zu zerstören.

Nicht nur Imker, Bauern, Studenten oder Lehrer deklarierten sich als Unterstützer der Aktionen und waren aktiv bei Feldbesetzungen und -befreiungen dabei. Auch der emeritierte Agrarwissenschafter Sigmar Gröneveld, der an den Universitäten Göttingen, Heidelberg und Kassel unterrichtete, spricht von Notwehr: „Es handelt sich um einen symbolischen Akt, der zeigt, dass man sich nicht die Lebensgrundlagen zerstören lassen darf. Gentechnisch veränderte Pflanzen breiten sich aus und sind dann nicht mehr rückholbar." Als wohl einziger in Deutschland berufener Professor für Agrarkulturen fühle er sich verpflichtet, die Ausreiß-Aktionen zu unterstützen: „Wir haben ein reiches Kulturpflanzen-Erbe zu verteidigen und sind sicher nicht auf großindustriell erzeugte, erbverfälschte Pflanzen angewiesen."

Ähnlich sieht das der Schweizer Bauer und Aktivist Urs Hans: „Nicht die Feldbefreier haben mit der Zerstörung begonnen, sondern die Gentechnik-Konzerne. Sie haben die Kontamination der Nachbarfelder, des Honigs etc. in Gang gebracht." Nicht zuletzt durch das Überspringen der Artgrenzen sei die Gentechnik ein ethisches Problem, sie bedrohe die Arten- und Kulturpflanzenvielfalt, könne die Gesundheit aller massiv gefährden und bringe die Bauern in eine noch größere Abhängigkeit der Konzerne. „Ich empfinde das als Krieg gegen die Bauern." Viele nahmen im Kampf um die Gentechnikfreiheit auch bewusst Gefängnisstrafen in Kauf – wie dies bei Imker Grolm oder Jörg Bergstedt 2009 auch geschah. Besonders skurril die richterliche Urteilsbegründung beim Bergstedt-Prozess: Der Geist sei schon aus der Flasche, die Gentechnik auf dem Acker sei ohnehin nicht mehr zu kontrollieren. Die Beschuldigten hätten alle Gentechnik-Felder in Deutschland angreifen müssen, um mit dem in der Verteidigung vorgebrachten „rechtfertigenden Notstand" (§ 34 StGB) freigesprochen zu werden.

## EU sucht neuen Weg der Zwangsbeglückung

Anstatt Europas Äcker mit Gentechnik zu übersäen, standen auf einmal Deutschland, Frankreich, Griechenland, Luxemburg, Ungarn und Österreich mit einem speziellen Anbauverbot da. Unruhe machte sich in der EU breit. Da ein Drüberfahren im Moment offensichtlich unangebracht erschien, musste eine andere Lösung her. Am 25. Juni 2009 startete der österreichische Landwirtschaftsminister Berlakovich eine Initiative für das Recht auf Selbstbestimmung der Nationalstaaten im Anbau, der sich 15 weitere EU-Länder anschlossen.[14] Es sei notwendig, die Kommission

Hundestaffeln und berittene Polizei bewachen Genmaisfeld in Brandenburg, …

zu einer Änderung ihrer Rechtsmaterie zu bewegen, erklärt er, um gleich darauf das Gegenteil zu sagen: Er sehe keine Abgabe von Kompetenzen der Kommission an die Mitgliedstaaten. Ein „formaler Beschluss ist nicht zu erwarten“.[15]

Doch was im ersten Augenblick so positiv aussieht, stellt sich bei näherem Hinsehen als Täuschung heraus: Bereits kurz nach den Abstimmungen in Österreich und Ungarn brachte die Pro-Gentechnik-Regierung der Niederlande im März 2009 ein Papier für nationale Selbstbestimmung beim Gentechnik-Anbau in den EU-Agrarministerrat ein. Erklärtes Ziel: „… den Entscheidungsprozess bei der GVO-Zulassung und dem GVO-Anbau einen Schritt weiter zu bringen.“ Der Gentechnik-Zulassungsprozess sollte mit einem Kuhhandel beschleunigt werden: Kritische Länder dürfen den Anbau verbieten, im Gegenzug sollen sie der Zulassung von GVO schnell zustimmen. Damit könnten USA, Argentinien & Co. jegliche GVO nach Europa exportieren und wäre der Weg frei für den Anbau in den gentechnikfreundlichen EU-Staaten. Landwirtschaftsminister Berlakovich griff genau diesen Entwurf der Niederlande

… denn Feldbefreier sagen der Gentechnik am Acker den Kampf an.

auf und könnte damit grünes Licht für eine GVO-Zulassungsflut gegeben haben. Was von den europäischen Volksvertretern zu halten ist, zeigten sie am 22. Juni, nur drei Tage vor der österreichischen Initiative bezüglich nationaler Anbauverbote: 26 der 27 Minister gaben prinzipiell grünes Licht für die Zulassung von Klon-Fleisch für den Verzehr. Einzig und allein der griechische Vertreter enthielt sich der Stimme und stellte sich hinter die Menschen: „Wir glauben, dass die Unterbringung <von Nahrungsmitteln von Tieren, die mit Hilfe von Klontechniken gezüchtet wurden oder deren Nachkommen> am Binnenmarkt verboten werden sollte, um die menschliche Gesundheit, die tierische Gesundheit und das tierische Wohlergehen sowie die Nachhaltigkeit der Natur zu schützen.“ Diese Position lasse sich sowohl auf das Vorsorgeprinzip als auch „auf die hohe Sensibilität und negative Einstellung der griechischen öffentlichen Meinung“ in Bezug auf Klon-Nahrung zurückführen.

Im Juli 2009 einigte sich die EU-Kommission mit Kanada über die Bedingungen zur Beilegung des WTO-Gentechnikstreits. Kanadischer Genraps darf künftig überall in der EU vermarktet werden. Dementsprechend positiv reagierte die Industrie: „Allen Streitfragen, die kanadische Biotech-Landwirte betreffen, wurde im Wesentlichen zugestimmt", erklärte beispielsweise Trish Jordan, Sprecherin von Monsanto Kanada. Die EU verpflichtete sich zu einem laufenden Dialog mit Kanada, um den Marktzugang für GVO zu verbessern und sogar Gentechnik-Produkte gleichzeitig zuzulassen. Kanada kritisierte lediglich die noch bestehenden Importverbote von GVO – und hob dabei Österreich hervor.[16] Den USA ging diese Form der Einigung nicht weit genug: Noch hätten die EU-Staaten die WTO-Regeln nicht wirksam genug umgesetzt.[17]

Die Freisetzung, aber auch der verstärkte Import von Genraps könnte in Europa eine genetische Verwüstung bringen: Nicht nur der gentechnikfreie Raps ist gefährdet, sondern auch Wildgräser, Senfarten bis hin zu Kohlgewächsen.

## Obama setzt auf Monsanto-Leute

Somit zeigt sich, dass gerade jetzt höchste Aufmerksamkeit gefordert ist. Denn amerikanische Zustände in den europäischen Ländern wären das Ende von natürlicher Landwirtschaft und Lebensmitteln in Europa. Bereits 1992 erhielt die Gentechnikindustrie in den USA eine Art Freifahrtschein ausgestellt. Genmanipulierte Produkte wurden als „substanziell äquivalent" mit herkömmlichen Nahrungsmitteln (= „im Wesentlichen gleichwertig") und als „allgemein sicher" (Generally Recognized As Safe, GRAS) anerkannt. Beides stellte sich als falsch heraus.[18] Alle US-Präsidenten in der jüngeren Vergangenheit waren bedingungslose Unterstützer der Gentechnik – egal ob die Republikaner George Bush sen. und George Bush jun. oder die Demokraten Bill Clinton mit Vizekanzler Al Gore und Barack Obama. Der Wähler hatte somit jeweils die Wahl zwischen Pest und Cholera. Vom angekündigten Wechsel ist jedenfalls auch bei Obama keine Spur: Zuerst berief er Tom Vilsack aus Iowa zum Landwirtschaftsminister. Dieser war 2001 vom weltgrößten Gentechnikindustrie-Dachverband mit dem bezeichnenden Namen „Bio" zum „Gouverneur des

Jahres“ 2001 gewählt worden.[19] Als nächstes ernannte Obama Michael Taylor zum Chefberater der Führung in der Lebensmittelbehörde FDA. Aufgrund seiner weitreichenden Kompetenzen nimmt er nun die Rolle eines „Lebensmittel-Zars“ ein, wie Kritiker feststellten. Taylor war Anwalt von Monsanto, bevor er 1991 bis 1994 die Grundsatzabteilung der FDA leitete und anschließend bis 1996 im Landwirtschaftsministerium für Lebensmittelkontrollen zuständig war. Danach wechselte er zurück zu Monsanto, wurde dort Cheflobbyist und Vizepräsident. Er gilt als Paradebeispiel für das „Drehtüren-Prinzip“, bei dem Personen zwischen Monsanto, der FDA und der Politik beliebig wechseln. Leiter des neu gegründeten National Institute of Food and Agriculture (NIFA) wurde Roger Beachy, der ebenfalls schon für Monsanto gearbeitet hatte. Beachy ist für die Forschungsgelder des Landwirtschaftsministeriums verantwortlich, die er innerhalb von maximal vier Jahren von rund 200 auf 700 Millionen Dollar vervielfachen will. Oberster Chefunterhändler für alle Agrarfragen wurde Islam A. Siddiqui, zuvor zuständig für Biotechnologie und Handel beim Pestizid-Herstellerverband CropLife America.

Er soll Handelshindernisse für US-Agrarprodukte aus dem Weg räumen.[20] Dies alles passierte zu Beginn von Obamas Amtszeit. Der anfängliche Schock sei bei den US-Gentechnik-Kritikern inzwischen Wut gewichen, schreibt der Nachrichtendienst GMWatch: „Michelle <Obama> mag einen biologischen Garten <vor dem Weißen Haus> haben, aber ihr Ehemann hat den großen Konzernen und Monsanto die Schlüssel für die Tür gegeben.“[21] „Was sich Monsanto von Washington wünschte, bekam Monsanto im Speziellen und die Biotechnologie-Industrie im Allgemeinen“, hatte die „New York Times“ bereits am 25. Jänner 2001 festgestellt. Seit längerem werden US-Regierungen oft als „Monsanto-Regierungen“ betitelt. Ann Veneman, Donald Rumsfeld und Michael Kantor sind nur drei von Dutzenden Beispielen: Veneman war zwischen 1993 und 1995 Vorstand beim Gentechnikunternehmen Calgene, das kurz danach an Monsanto verkauft wurde, wurde 2001 Landwirtschaftsministerin und 2005 Chefin des UNICEF-Kinderhilfswerks. Donald Rumsfeld war 1975–1977 US-Verteidigungsminister, 1977–1985 Geschäftsführer des Pharmakonzerns Searle, Hersteller des hoch umstrittenen genmanipulierten Süßstoffs Aspartam. 1985 wurde Searle an Monsanto verkauft, Rumsfeld soll dafür 12 Mio. Dollar bekommen haben. Zwischen 1997 und 2001 war Rumsfeld Aufsichtsratsvorsitzender und Teilhaber des Tamiflu-Herstellers Gilead Science, wodurch er zu einem großen Nutznießer der Vogelgrippe wurde. 2001 wurde Rumsfeld zum Verteidigungsminister ernannt. Und Michael „Mickey" Kantor wechselte vom US-Gewerkschaftsvertreter unter Präsident Clinton zu Monsanto.

**Beispiele für weitere Handlanger der Gentechnikindustrie:**

**1.) Die EU-Kommission:** Absprachen zwischen der Industrie und der EU-Kommission seien deshalb nicht publik gemacht worden, weil diese „anders als in den USA in der Öffentlichkeit meist negativ bewertet werden", erklärt Jörg Rieksmeier von der Ruhr-Universität Bochum in einem Diskussionspapier bereits aus dem Jahr 2000. Sein Fazit: „Im Bereich der Biotechnologie fallen weitgehende Annäherungen und Übereinstimmungen in den Positionen und deren Realisierungen zwischen der Kommission und großen Unternehmen auf."

So hatten im Juni 1996 13 von 15 EU-Umweltministern gegen die Zulassung von Bt 176 gestimmt. Viele Länder begründeten ihre Ablehnung durch Studien über gesundheitliche und Umwelt-Gefahren. Trotzdem gab die EU-Kommission grünes Licht für den Genmais Gottfried Glöckners – sie hatte sich von hauseigenen Wissenschaftern die Unbedenklichkeit bescheinigen lassen. Bis heute lässt die Kommission kaum eine Gelegenheit aus, im Sinne der Gentechnikindustrie zu agieren.

**2.) Die 2002 gegründete Europäische Lebensmittelsicherheitsbehörde EFSA:** Der erste Chef des Gentechnikgremiums war Harry Kuiper. Zuvor leitete er das von der EU-Kommission gesponserten Programm ENTRANSFOOD, das Sicherheits- und Risikofragen so festlegen sollte, um „die Markteinführung von GVO zu erleichtern und so die europäische Industrie in eine wettbewerbsfähige Position zu bringen". In seiner Arbeitsgruppe saßen Mitarbeiter von Monsanto, Bayer und Syngenta. 1998 und 1999 war er federführend in der Vernichtungskampagne gegen den mahnenden Wissenschafter Arpad Pusztai. Von ihrer Gründung weg wurde die EFSA heftig für ihre Nähe zur Industrie kritisiert. Jeder Antrag der Konzerne auf Zulassung neuer, gentechnisch veränderter Organismen (GVO) wurde von der EFSA bisher durchgewunken. So auch der des Monsanto-Maises MON 863. Unabhängige Wissenschafter der französischen Organisation CRIIGEN (Committee for Independent Research and Genetic Engineering) unter der Leitung von Gilles-Eric Séralini untersuchten die vom Konzern bereitgestellten Ergebnisse nochmals. Sie erkannten, dass die Tiere Anzeichen für eine Leber- und Nierenschädigung zeigten und ein merkbar anderes Gewicht als die mit gentechnikfreien Mais gefütterten Artgenossen hatten. „Mit den vorliegenden Daten kann nicht geschlussfolgert werden, dass der gentechnisch veränderte Mais MON 863 ein sicheres Produkt ist", so Seralini.[22] Die Antwort der EFSA: Die Seralini-Studie bringe keine neuen, „toxikologisch relevanten" Ergebnisse.[23] Dasselbe Spiel wiederholte sich bereits mehrere Male. „Die EFSA ignoriert erste Indizien für gesundheitliche Schäden", fasst der unabhängige Risikoforscher Werner Müller zusammen. Für ihn steht das „S" im Namen der EFSA nicht für „Sicherheits-", sondern für „Skandal"-Behörde. Beim 2009 durchgewunkenen Genmais 59122xNK603 von Pioneer sind laut EFSA gleich gar keine Tests nötig – obwohl der Mais

EU-Verantwortliche, deutsche Regierung und andere Globalisierer als Kofferträger für Monsanto?

sogar vier Gift-Fremdgene enthält. Seralini & Co. dazu: „Regierungen, Biotech-Saatgut- und Pestizidunternehmen haben beschlossen, auf Tierfütterungsstudien gänzlich zu verzichten ... stattdessen ziehen sie es vor, Gentechniknahrung direkt am Volk zu testen!"[24] Es verwundert wenig, dass z. B. die ranghohe Mitarbeiterin des EFSA-Gentechnikgremiums Suzy Renckens 2008 fast lückenlos zum Gentechnikkonzern Syngenta wechselte.[25] Auch den EFSA-Mitarbeitern und beiden höchsten Vertretern der deutschen Gentechnik-Zulassungsbehörde, Hans-Jörg Buhk und Detlev Bartsch, wurden Kontakte zur Gentechnikindustrie nachgewiesen: z. B. hatten sie 2002 in einem u. a. von Monsanto, Syngenta und Bayer finanzierten Werbefilm der Industrie mitgewirkt.[26]

Kein Wunder, dass Gentechnikkritikern die Geduld riss: Mehr als 40 Initiativen, Verbände, Vereine, Privatpersonen – von den Deutschen Berufsimkern über „Pro Leben" bis hin zum brasilianischen Professor Antonio Andrioli – fanden sich unter der „Aktion-Genklage" zusammen. „Oberstes Ziel ist es, Neuzulassungen von GVO in Europa zu verhindern, weil sie nach eingehender Prüfung unserer Rechtsexperten bisher sogar nach geltendem EU-Recht niemals hätten zugelassen werden dürfen. Die Politik hat hier versagt – und deshalb sind Klagen gegen die EFSA der einzige Weg, noch etwas zu verhindern", erklärt die Koordinatorin Christiane Lüst aus Gauting bei München. Als erstes ist die Neuzulassung des Genmaises MON 810 – und mit dieser gleichzeitig die EFSA – im Visier. „Noch wird eine Landes- oder Bundesregierung gesucht, die die Klage offiziell einbringt, weil in diesem Fall alles schneller ginge."

**3.) Die Deutsche CDU/CSU/FDP-Regierung:** Die Gentechnik stelle „eine wichtige Zukunftsbranche für Forschung, Wirtschaft und Landwirtschaft dar", die „verantwortbaren Potenziale der grünen Gentechnik" sollten genützt werden, heißt es im Regierungsprogramm. Der Anbau der genmanipulierten Stärkekartoffel Amflora von BASF werde ausdrücklich „unterstützt" und „der Königsweg für die weitere Liberalisierung des Handels mit Waren und Dienstleistungen liegt im multilateralen Ansatz der WTO".

**4.) Diverse Medien:** Einige Medienkonzerne reden der Gentechnik bedingungslos das Wort, wie z. B. in Deutschland der mächtige Springer-Verlag mit seinen Blättern „Bild“ und vor allem „Welt“. Einer seiner fünf Unternehmensgrundsätze lautet: „Die Unterstützung des transatlantischen Bündnisses und die Solidarität in der freiheitlichen Wertegemeinschaft mit den Vereinigten Staaten von Amerika.“[27] Zumindest die Berichterstattung lässt vermuten, dass auch in puncto Gentechnik Solidarität mit der US-Regierung geübt wird. In Österreich berichten zwar die auflagestarken Medien „Kronen Zeitung“ und „Die Ganze Woche“ anhaltend kritisch über die Gentechnik, der „Kurier“ zeigt hingegen immer wieder auch Sympathien für die Risikotechnologie: Immerhin ist Gensoja-Importeur Raiffeisen größter Anteilseigner des Blattes. Andererseits sind Medien, die sich gegen die Gentechnik stark machen, zum Teil massiven Anfeindungen ausgesetzt: So war der Internet-Nachrichtendienst GMWatch 14 Monate lang ständig Angriffen ausgesetzt, bis Hacker 2008 die Website endgültig lahm legten. Dabei wurden 20 verschiedene Viren plus Spionage-Software (Spyware) freigesetzt, wie GMWatch-Gründer Jonathan Matthews schilderte. Ein erfahrener Netzwerk-Techniker habe dazu erklärt, dass er „noch nie etwas Ähnliches in seiner 20-jährigen Tätigkeit in der Branche gesehen hat“ – was das Schadensausmaß betrifft.[28]

**5.) Der im Hintergrund arbeitende „European Round Table of Industrialists“** (ERT, Europäischer Runder Tisch der Industriellen). Ihm gehören die Bosse der bedeutendsten Konzerne Europas – von Unilever bis Nokia – an. Laut Eigendefinition handelt es sich um keine Lobbyorganisation, sondern geht es darum, „Politiker aufzuwecken“. Gemeinsam mit dem langjährigen Staatspräsidenten Jacques Delors wurde z. B. die Entwicklung des freien EU-Binnenmarktes vorangetrieben.[29] 2009 gibt der ERT auf seiner Homepage an, in den vergangenen Jahren „u. a. energisch Kampagnen für ein gemeinschaftliches Patentsystem und das Ende nationaler, zersplitterter Regulierungen geführt“ zu haben.[30] Genau diese

Forderungen wurden in den höchst umstrittenen Vertrag von Lissabon (gleichbedeutend mit der gescheiterten EU-Verfassung) eingearbeitet: Die Patentierung wandert von den Nationalstaaten auf die EU-Ebene und der Binnenmarkt umfasse ein System, „das den Wettbewerb vor Verfälschungen schützt".

**6.) Das „International Food & Agricultural Trade Policy Council", kurz: IPC.** Ebenfalls im Hintergrund arbeitend, wurde es 1987 mit Hilfe der Rockefeller Foundation gegründet, um erstmals eine weltweite Liberalisierung am Agrarsektor zu erreichen – was mit der Gründung der Welthandelsorganisation WTO prompt auch gelang. Hier sitzen ranghohe Vertreter von Monsanto (Vizepräsident Jerry Steiner, Ex-Europa-Chef Bernard Auxenfans), Syngenta (Sarah Hull), Nestlé (Landwirtschaftschef Hans Jöhr), der Agrarhandelskonzerne Cargill und Bunge (Rob Johnson und Carl Hausmann), der EU-Politik (Franz Fischler) oder der Weltbank (Ex-Direktor für ländliche Entwicklung Michel Petit). In einem offiziellen Papier vom März 2009 erklärt IPC-Vorsitzender Carlo Trojan, der zwischen 2001 und 2007 Botschafter der EU bei der WTO war: „Jetzt ist nicht die Zeit für neue protektionistische Maßnahmen oder das vergebliche Streben nach landwirtschaftlicher Selbstversorgung. *Wir sollten anstatt dessen die Krise nutzen und mutig vorwärts schreiten, um für die Liberalisierung des Agrarhandels die seit langem bestehenden Barrieren zu durchbrechen.*"[31] Die Krise also als Chance, alle regionalen Strukturen zu zerschlagen.

**7.) In die gleiche Kerbe schlägt die Transatlantische Freihandelszone, die bis 2015 geschaffen werden soll.** Die „Rahmenvereinbarung zur Vertiefung der transatlantischen Wirtschaftsintegration zwischen den USA und der EU" wurde am 30. April 2007 von Angela Merkel für die EU und George W. Bush unterzeichnet. Der Fokus des Vertrages liegt in der Abschaffung von Handelsbarrieren, die durch unterschiedliche Gesetze, Verordnungen oder Standards bestehen. Weiters wurden mehrere so genannte „Leuchtturm-Projekte" genannt – eines davon ist der erweiterte Schutz der Patentrechte.[32]

Sie halfen mit, Genweizen zu verhindern: Ryoko Shimizu, Masako Okuda und Yuko Wada (v.l.n.r.) von der japanischen Konsumgenossenschaft „Seikatsu Club“

## Einsatz mehr Wert als Macht

Sehr mächtige Kreise wollen die Gentechnik durchsetzen. Ihr größter Vorteil ist die Unwissenheit und die – noch vorhandene – Trägheit der Massen. Doch was mit Einsatz möglich ist, zeigt das Beispiel Genweizen: Es war wie ein Wunder, als am 11. Mai 2004 Monsanto bekanntgab, „alle weiteren Bemühungen zur Einführung des Roundup-Ready®-Weizens“ – bis auf weiteres – auszusetzen. Das wichtigste Brotgetreide sollte sauber bleiben. Vorhergegangen war ein Kraftakt engagierter Menschen, vor allem aus Japan. Sie zeigten, dass mit Engagement alles möglich ist. Speziell im März 2004 hatte es mehrere spektakuläre Aktionen gegeben:

- 413 Konsumentenorganisationen, Unternehmen und Gewerkschaften, die mehr als eine Million Menschen vertraten, verfassten einen gemeinsamen Appell an den kanadischen Landwirtschaftsminister Bob Speller: „Wir japanische Konsumenten brauchen keinen gentechnisch modifizierten Weizen. Die Bürger Ihres Landes und Japan haben über viele Jahre enge Beziehungen aufgebaut. Um das freundschaftliche Verhältnis zwischen den Produzenten und Konsumenten unserer beiden Länder zu festigen und beizubehalten, bitten wir Sie daher dringend, diesen Zulassungsantrag abzuweisen und den Anbau sowie die Vermarktung von gentechnisch verändertem Weizen nicht zu erlauben.“[33]

- Greenpeace führte gemeinsam mit den drei Bauernverbänden National Farmers Union, Saskatchewan Organic Directorate und Canadian Organic Growers eine Inseratenkampagne durch: „Die größte Bedrohung für den Weizenanbau ist nicht Hagel oder Dürre. Es ist Roundup-Ready®-Weizen."[34] Bauern wurden aufgerufen, sich an die zuständigen Minister zu wenden.
- Der mächtige, für die Weizenexporte verantwortliche Canadian Wheat Board warnte seine 85.000 Mitglieds-Farmer vor verheerenden wirtschaftlichen Folgen: Aus einer selbst in Auftrag gegebenen Umfrage ging hervor, dass 87 Prozent der weltweiten Konsumenten kanadischen Weizens Gentechnikfreiheit verlangen. Die kanadische Regierung wurde aufgerufen, vor der Zulassung die Auswirkungen auf die Märkte zu überprüfen. Schließlich waren die Exporte von Raps in die EU seit Beginn der Genmanipulation von 230 Mio. Dollar (1998) auf 1,9 Mio. Dollar (2003) gefallen.

Doch Monsanto kündigte sogleich an, eine Schlacht, aber noch lange keinen Krieg verloren zu haben: Dem Konzern gehe es darum, sich „an der möglichen kommerziellen Verwertung von anderen biotechnisch erzeugten Eigenschaften bei Weizen auszurichten". In vier bis acht Jahren sollte es so weit sein. Tatsächlich setzte die Gentechniklobby 2009 zum Angriff an: Im Mai erklärten neun Organisationen der Weizen- und Getreideindustrie aus den USA, Kanada und Australien, eine gleichzeitige Vermarktung genmanipulierten Weizens bewirken zu wollen.[35] Im Juli 2009 kaufte Monsanto das Weizensaatgut-Unternehmen WestBred um 45 Mio. Dollar. „Die Weizenindustrie der USA hat dazu aufgerufen, in neue Technologien zu investieren", nahm Monsanto-Vizepräsident Carl Casale den zugespielten Ball auf. Der Zeitplan wurde jedoch nach hinten verschoben: Diesmal war die Rede von „acht bis zehn Jahren" bis zum Verkauf genmanipulierten Weizens.[36] Schnell bildete sich eine breite Front, vor allem in den drei unmittelbar betroffenen Ländern gegen die

Genweizen-Pläne. Lucy Sharratt, Koordinatorin des „Canadian Biotechnology Action Network" sprach hier klare Worte: „Die Industriegruppen in unseren drei Ländern verheißen, dieses Produkt uns allen aufzuzwingen, aber heute wiederholen wir unser Versprechen, sie zu stoppen."[37]

## EU-Vertrag von Lissabon gefährdet Menschenrecht auf Nahrung

In Art. 118 A EU-Vertrag von Lissabon wird die Patentierung (und der Sortenschutz) den Nationalstaaten entzogen und auf EU-Ebene gehoben. Wie Sarah Luzia Hassel-Reusing in ihren Verfassungsbeschwerden vor dem Deutschen Verfassungsgerichtshof (2 BvR 1958/08 und 2 BvR 2167/09) feststellt, würden auch die in den Verfassungen der Mitgliedstaaten enthaltenen Menschenrechte sowie die Verträge der UNO herabgestuft, „sodass sie keinen hinreichenden Schutz mehr bieten könnten". Grund: Erstmals hat das EU-Recht einen schriftlich fixierten Vorrang vor dem Recht der Mitgliedstaaten und deren Verfassungen (Erklärung Nr. 17 zum „Vertrag von Lissabon", Art. 1 EUV, Art. 51 EUV).

„Die Konzentration aller Macht auf die EU-Ebene für die Schaffung EU-weit einheitlicher geistiger Eigentumsrechte würde die Durchsetzung des Menschenrechts auf Nahrung gefährden", warnt Hassel-Reusing. „Denn die EU hat sich nicht auf die Verpflichtungen ihrer Mitgliedstaaten auf die UNO-Menschenrechte sowie auf den Vorrang der UNO-Menschenrechte verpflichtet." (Art. 28 AEMR)

### Grundrechte ungeschützt

Auch die viel gepriesene EU-Grundrechtecharta würde keinerlei Schutz bieten: Laut Art. 52 Abs. 2 steht sie unterhalb aller grundlegenden Verträge der EU und damit unterhalb der Patentierung von Leben nach Art. 118 AEUV. Schlimmer noch, alle sozialen Grundrechte der EU-Grundrechtecharta sind, anders als bei der UNO und in den meisten nationalen Verfassungen, unverbindliche Kann-Vorschriften (Art. 52 Abs. 5 EU-Grundrechtecharta und Erläuterungen des EU-Konvents zu Art. 52 Abs. 5). Die Menschenrechte der EU auf Umweltschutz und auf Verbraucherschutz können als soziale Grundrechte der EU-Grundrechtecharta daher keinerlei Schutz bieten. Dafür müsste erst Art. 52 der Grundrechtecharta grundlegend geändert werden. Auch in diesen Zusammenhang passt der Ausspruch des deutschen Verfassungsexperten Karl Albrecht Schachtschneider: „Die Europäische Grundrechtecharta ist der schäbigste Menschenrechtstext, der jemals in der freien Welt formuliert wurde."

**Nahrung muss kulturell akzeptiert sein**

Wirksamen menschenrechtlichen Schutz vor der Gentechnik in der Landwirtschaft bieten laut Hassel-Reusing nur die Menschenrechte auf Nahrung und auf Gesundheit (Art. 11 und 12 des UNO-Sozialpaktes). Zum Wesensgehalt des Nahrungsrechts gehört es, dass niemandem gesundheitsschädliche oder kulturell nicht akzeptierte Nahrung aufgezwungen werden darf (Art. 8 Allg. Kommentar Nr. 12 zum UNO-Sozialpakt). Das Recht auf Gesundheit verbietet gesundheitsschädliche Praktiken von Lebensmittelproduzenten ebenso wie gesundheitsgefährdende Umweltverschmutzungen (Allg. Kommentar Nr. 14 zum UNO-Sozialpakt). Die Verfassungsbeschwerde zu Az. 2 BvR 1958/08 hat das Bundesverfassungsgericht immerhin überzeugt, in Leitsatz 3 des ersten Lissabon-Urteils vom 30. 6. 2009 zu urteilen, dass bei der Umsetzung des EU-Rechts auf nationaler Ebene noch genug Raum bleiben muss für die Umsetzung der wirtschaftlichen, kulturellen und sozialen Rechte, also des UNO-Sozialpaktes. Der EU-Vertrag von Lissabon trat am 1. 12. 2009 in Kraft.

Zu den neuesten Verfassungsbeschwerden siehe auch auf der Menschenrechtsseite der Eheleute Reusing/Hassel-Reusing:

http://sites.google.com/site/buergerrechtemenschenrechte/lissabon-vertrag

# 10. WAS DEN BAUERN BLÜHT

So wie es den Bauern geht, geht es dem ganzen Land. In den USA und Kanada werden sie z. B. von einer „Gen-Polizei" überwacht und vor Gericht gebracht. Auch in Europa würden laut Monsanto-Chef solche Sheriffs ausrücken, sobald die Gentechnik kommt. In Argentinien wurden zehntausende Bauern von ihrem Land vertrieben und im Irak brachten die USA 2003 neben Bomben auch genmanipuliertes Saatgut. In Indonesien verließ Monsanto hingegen nach massiven Bauernprotesten das Land.

Das ist der Vertrag. Ich spreche nicht über ein Dritte-Welt-Land, sondern über Kanada." Der Landwirt Percy Schmeiser steht am Podium und hält „den Vertrag" ins Publikum. Er stammt von Monsanto. Jeder Bauer muss ihn unterschreiben, bevor er das genmanipulierte Saatgut des Konzerns verwenden darf. „Er nimmt den Landwirten das Recht auf Redefreiheit und das Recht auf freie Meinungsäußerung weg. Wenn irgendetwas bei der Ernte schief geht, darf man niemals für den Rest seines ganzen Lebens gegen Monsanto vor Gericht ziehen", setzt Schmeiser fort. Der Vertrag nimmt den Bauern noch viel mehr weg:

- Sie dürfen ihr eigenes Saatgut nicht weiterverwenden
- Saatgut und Chemikalien sind immer von Monsanto zu kaufen
- Die „Gen-Polizei" von Monsanto darf jederzeit drei Jahre nach Vertragsunterzeichnung auch ohne Genehmigung das gesamte Grundstück des Bauern betreten oder in Steuerakten Einsicht nehmen
- Für die Ernte sind rund 40 Dollar Lizenzgebühr pro Hektar als Patentabgabe zu zahlen
- Bei Verletzungen des Vertrages kann Monsanto die Zerstörung der gesamten Ernte veranlassen

Der kanadische Bauer warnt Kollegen in aller Welt vor dem Ende jeglicher Freiheit: Er erzählt, wie Monsanto zum Petzen auffordert, die konzerneigene „Gen-Polizei“ ausrückt und Landwirten mit der Zerstörung der Existenz droht und wie dadurch Streit sowie tiefes Misstrauen in die Dörfer zog. „Ich glaube, das ist das Schlimmste, was seit der Einführung von GVO passieren konnte“, fasst Schmeiser zusammen. Sein Fazit: „Früher gab es so etwas Ähnliches im Feudalsystem, als es Barone und Großgrundbesitzer gab. Jetzt sind es keine Barone oder Könige, die alles kontrollieren, sondern Großunternehmen. Es ist ein Kreis, der sich nach 100 Jahren schließt.“

Wie im Kapitel über Koexistenz beschrieben, lehnte sich Schmeiser gegen den Riesen Monsanto auf, nachdem dieser 1998 vor Gericht gezerrt worden war. Als Schmeiser einige Jahre später Senf ansäen wollte, war sein Acker mit genmanipuliertem Raps kontaminiert. Monsanto wollte zwar zahlen, aber nur unter der Bedingung, dass er nicht mehr gegen Monsanto an die Öffentlichkeit gehe, erklärte Schmeiser. Daher verklagte er 2006 den Konzern auf die Kosten der Feldbefreiung von 660 Dollar. Eine Stunde vor Gerichtsbeginn zahlte Monsanto den Betrag. Schmeiser sprach von einer richtungweisenden Entscheidung des Konzerns.

### Monsantos Stab für „Saatgut-Piraterie„

Die Realität hatte bislang ganz anders ausgesehen: Mit Stichtag 26. Oktober 2007 hatte Monsanto in den USA 112 Gerichtsverfahren gegen insgesamt knapp 400 Bauern wegen Vertragsverletzungen oder Verletzungen der Patentrechte eingeleitet.[1] Das geht aus einer Untersuchung des „Center of Food Safety“ („Zentrum für Lebensmittelsicherheit“) hervor. 57 Mal wurden die Bauern zu Schadenersatzzahlungen an Monsanto verdonnert – im Schnitt rund 380.000 Dollar, insgesamt waren es 21,6 Mio. Dollar. Diese offiziellen Zahlen sind jedoch nur die Spitze des Eisbergs: In außergerichtlichen Verfahren kassierte Monsanto bis Juni 2006 zwischen 85,6 und 160,6 Mio. Dollar – die vier- bis achtfache

Summe der von den Gerichten verhängten Zahlungen. Pressemeldungen und Aussagen von Monsanto lassen auf rund 500 Untersuchungen bei Bauern pro Jahr wegen „Saatgut-Piraterie“ schließen. Für solche Einsätze beschäftigt Monsanto 75 Angestellte bei einem Budget von 10 Mio. Dollar pro Jahr.

Sollte die Gentechnik in großem Stil auch nach Europa kommen, werde dies auch unseren Bauern blühen, kündigte Monsanto-Chef Hugh Grant in einem Interview mit der deutschen Zeitschrift „Die Zeit“ an. Auf die Frage, ob Monsanto auch in Europa seine Patent-Sheriffs losschicken würde, antwortete der Konzernboss: „Natürlich würden wir das. Wir stecken eine Menge Geld in die Erforschung dieser Technik und wollen auf den Lohn nicht verzichten.“[2]

## Die Saat geht nicht mehr auf

Mit „Knebelverträgen“ und der „Gen-Polizei“ hat alles begonnen, um die Bauern zu zwingen, Jahr für Jahr neues (genmanipuliertes) Saatgut zu kaufen. Im nächsten Schritt könnte das alles überflüssig werden: Bereits 1998 kam es zu einer Patentvergabe für „GURTs“ (Genetic Use Restriction Technologies, dt. etwa gentechnische Methoden zur Einschränkung der Nutzung von Saatgut). Mehrere manipulierte Gene sorgen dafür, dass während der Reifung der Samen ein Selbstmord-Mechanismus die geernteten Samen steril macht. Somit fährt der Landwirt eine tote Ernte ein. Da 80 Prozent des weltweit eingesetzten Saatgutes aus der eigenen Ernte gewonnen wird, besteht höchste Gefahr für die Ernährungssicherheit. Die „Terminator-Technologie“ sollte den Gentechnik-Konzernen zur ultimativen Saatgutkontrolle verhelfen. Patentinhaber waren Delta & Pine Land sowie das US-amerikanische Landwirtschaftsministerium. Als 1998 Delta & Pine Land von Monsanto aufgekauft wurde, brach ein Proteststurm los und Medien berichteten weltweit kritisch. Im Oktober 1999 erklärte der Monsanto-Chef Robert Shapiro, die Terminator-Technologie nicht vermarkten zu wollen. Ziel der Konzerne blieb es aber, zunächst eine Zulassung für Feldversuche zu erreichen. 2005 machten sich die Regierungen Kanadas, Australiens und Neuseelands dafür stark. Wiederum konnten Proteste dies verhindern. 2006 startete die EU ihr 5,38 Mio. Euro teures „Transcontainer-Projekt", das mit öffentlichen Mitteln u. a. an der zweiten Generation von Terminator-Pflanzen forscht. Das Projekt steht im Dienste der – nicht umsetzbaren – Idee der „Koexistenz", indem laut offizieller Version versucht wird, die Verbreitung von gentechnisch verändertem Erbgut zu verhindern. Nachdem es schon mehrmals gelungen ist, die Aussaat von Terminator-Saaten zu verhindern, geht es nun darum, mit einer weltweiten Ächtung sie gänzlich zu verbannen.

Wie schon im Artikel über die Politik dargestellt, haben Bauern in Europa viel erreicht – sei es in Bayern mit „Zivilcourage", in Frankreich oder in Deutschland mit Feldbefreiungen. In Polen gingen Anfang 2009 insgesamt acht Bäuerinnen in einen zum Teil wochenlangen Hungerstreik, um gegen den illegalen Anbau von rund 3.000 Hektar Genmais im Land zu protestieren. Die Aktivistin und Biobäurin Sabine Gröneveld aus dem deutschen Friesland schloss sich ihnen an.

### Monsanto verlässt Land

In Indonesien verließ Monsanto nach anhaltenden Protesten sogar das Land: Unter anderem hatten Bauern ihre magerer als erwartet ausgefallene Baumwollernte verbrannt. Nicht einmal die Bestechung eines ranghohen indonesischen Umweltbeamten hatte Monsanto geholfen, sich im Land zu etablieren: 2002 zahlte der Konzern über eine indonesische Consulting-Firma dem Beamten 50.000 Dollar, um die Aufhebung der Umweltverträglichkeitsprüfung zu erwirken, die für die Zulassung der Bt-Baumwolle nötig gewesen wäre. Der Beamte stimmte dem „Geschäft" zwar zu, hob die Prüfung aber dennoch nie auf. Am 6. Jänner 2005 wurde Monsanto zur Zahlung einer Geldstrafe von 1,5 Mio. Dollar verurteilt, wobei eine Mio. Dollar an das Justizministerium abzuführen war.

Genreisfeld in Indien wird zerstört

Der Bestechungsbetrag wurde übrigens als „Consultinghonorar" in die Buchhaltung eingetragen. „Firmen können sich nicht die Gunst durch ausländische Beamten mit Bestechungen erkaufen", erklärte der stellvertretende Staatsanwalt Christopher Wray. Außerdem sollen zwischen 1997 und 2002 weitere 700.000 Dollar Bestechungsgelder an verschiedene indonesische Behörden ausbezahlt worden sein.

## Indien: Bio-Erfolge + Feldbefreiung

Wohin der Weg gehen könnte, zeigt eine Studie des Forschungsinstitutes für biologischen Landbau (FiBL) in der Schweiz: Eine von 2003 bis 2005 durchgeführte Vergleichsstudie in Indien kommt zum Ergebnis, dass der Anbau von biologischer Baumwolle die Lebensumstände der Bauernfamilien wesentlich verbessert. 60 konventionelle wurden mit ebenso vielen Baumwollproduzenten verglichen, die im Auftrag der Schweizer Textilhandelsfirma Remei biologisch wirtschafteten. Dank tieferer Produktionskosten und der ausgezahlten Bioprämie erwirtschafteten die Bauernfamilien im biologischen Anbau ein um 30 bis 40 Prozent höheres Einkommen. Die durch den biologischen Anbau verbesserte Fruchtbarkeit und Wasserhaltefähigkeit der Böden vermindert zusätzlich noch das Risiko eines Ertragsausfalls in Trockenperioden, heißt es in der Studie weiter. Besonders der versuchsweise Genreis-Anbau bereitet den Indern Kopfzerbrechen – immerhin ist Reis auch hier eines der wichtigsten Grundnahrungsmittel. Am 28. Oktober 2006 verbrannten 400 Bauern in einer vom Bauernverband Bharatiya Kissan Union (BKU) organisierten Aktion ein solches Reisfeld in Rampura Village im Bundesstaat Haryana. Am 10. November folgte die Zerstörung eines Reisfeldes im Bundesstaat Tamil Nadu. Wenige Tage später forderten die führenden indischen Reisexporteure die Regierung in Neu Dehli auf, den Anbau von genmanipuliertem Reis zu verbieten.

Als Musterbeispiel für die zerstörerische Wirkung einer intensiven Gentechnik-Landwirtschaft gilt Argentinien, hinter den USA das Land mit den zweitgrößten Gentechnikflächen. So schrieb das renommierte britische Wissenschaftsmagazin „New Scientist" im April 2004: „Argentinien war einst einer der wichtigsten Nahrungslieferanten der Welt, vor allem von Weizen und Rindfleisch. Aber die ‚Sojarisierung' der Wirtschaft, wie es die Argentinier nennen, hat das geändert. Etwa 150.000 kleine Bauern sind von ihrem Land vertrieben worden. Die Produktion vieler Haupterzeugnisse wie Milch, Mais, Kartoffeln und Linsen ist stark zurückgegangen." Argentinien ist zum Gensoja-Land geworden.

Wer bewirtschaftet die riesigen Flächen? In einem Interview mit dem Genethischen Netzwerk gibt die argentinische Molekularbiologin Lilian Joensen darauf folgende Antwort: „Es sind nicht Landwirte im europäischen Sinne. Es sind große Unternehmen, die das Land der verarmten Landbevölkerung pachten. In Argentinien sind dies oft Firmen aus anderen Ländern, aus Spanien oder den USA. Sie besitzen nicht das Land, sie besitzen die Infrastruktur für Handel und Vertrieb, sie bringen das gentechnisch veränderte Saatgut und die Chemikalien, Spritz- und Düngemittel mit und sie besitzen die Maschinen. Diese werden von Region zu Region verbracht, da bei uns

## „Verbrechen gegen die Menschheit"

2003 brachten die USA nicht nur Bomben über den Irak, sondern auch die Gentechnik über die „Order 81" – den Erlass über „Patente, Industriemuster, unveröffentlichte Informationen, integrierte Schaltkreise und Pflanzensorten". Im März 2005 protestierten 13 Alternativnobelpreisträger gegen dieses, wie sie es nannten, „Verbrechen gegen die Menschheit":

*„Der Irak ist eine Wiege der Zivilisation und der Landwirtschaft unserer Erde. Die traditionelle Vielfalt der Kulturpflanzen im Irak, die sich über Tausende von Jahren entwickelt hat, ist nicht nur Vermächtnis und Rechtsgut der irakischen Bauern, sondern der ganzen Welt. Die ‚Order 81' wurde vom US-Beauftragten für den Wiederaufbau des Irak, Paul Bremer, erlassen. Sie hat zum Ziel, dass die irakischen Bäuerinnen und Bauern zukünftig daran gehindert werden, ihre uralten Saaten und Kulturpflanzen anzubauen. Die Bäuerinnen und Bauern werden dazu gezwungen, nur noch industriell entwickeltes, gentechnisch manipuliertes und von Unternehmen patentiertes Saatgut zu verwenden. Wir fordern von der Regierung der Vereinigten Staaten von Amerika wie von der Regierung des Irak, die ‚Order 81' zurückzunehmen. Wir rufen die internationale Gemeinschaft dazu auf, die Vielfalt der landwirtschaftlichen Kulturpflanzen, die sich über Tausende von Jahren entwickelt haben, zu schützen und weiter zu verbreiten. Dringendes Handeln ist erforderlich, um dieses Welterbe zu retten und zu bewahren. Dazu müssen regionale Samenbanken aufgebaut werden, die von den örtlichen einheimischen Bäuerinnen und Bauern kontrolliert werden."*

*München, 12. März 2005*

*Die Alternativen Nobelpreisträgerinnen und -träger:*

*Dr. Ibrahim Abouleish, Prof. Dr. Dr. Hans-Peter Dürr, Prof. Johan Galtung, Stephen Gaskin, Tapio Mattlar, Prof. Dr. Manfred Max-Neef, Pat Mooney, Nicanor Perlas, Prof. Dr. P. K. Raveendran, Irina Sherbakova, Dr. Vandana Shiva, Sulak Sivaraska, Prof. Dr. Michael Succow*

– durch die Größe des Landes – die Jahreszeiten nicht im ganzen Land synchron ablaufen."

## Schulterschluss

Bäuerliche Betriebe stehen nicht nur in Argentinien, sondern auch in der EU mit dem Rücken zur Wand: Bis 2013 sollen die Förderungen für Bauern fast gänzlich gestrichen werden, mit 31. März 2015 wird die Milchquote abgeschafft und die meisten Milchbauern dem freien Weltmarkt geopfert. Quälerische Tiertransporte quer durch die EU stehen an der Tagesordnung. Auch soll in Zukunft nicht mehr jedes Land die gesamte Agrarpalette anbauen, wie Klaus-Dieter Borchardt, stellvertretender Kabinettschef der EU-Agrarkommission in der Zeitschrift „Die Zeit" erklärt. Borchart: „Der Binnenmarkt muss als solcher begriffen werden, dadurch wird die Produktion effizienter." Holland als Zentrum der Milchwirtschaft, Frankreich als Maisland, Deutschland zuständig für den Weizen – ist das die Zukunft? Kein Wunder, dass die Bauern – vor allem die Milchbauern – europaweit aufbegehren. Von ihrer Interessenvertretung enttäuscht, wollen sie in unabhängigen Vereinigungen wie dem Bund Deutscher Milchviehhalter (BDM) oder der IG-Milch in Österreich faire Milchpreise erwirken. Ähnliches strebt die IG-Fleisch in Österreich am Fleischsektor an. Wie sehr die Bauernvertreter mit der Industrie verbunden sind, zeigte eine Veranstaltung der Landwirtschaftskammer Österreich in Zusammenarbeit mit der US-Botschaft Anfang März 2009: Eingeladen waren die „Landwirte" Bill Horan und Jill Euken aus Iowa, um über die Segnungen der Gentechnik zu sprechen. Beide sind auf (bundes-)staatlicher und universitärer Ebene eng mit der Gentechnik verbunden. Horan bekleidet u. a. leitende Funktionen beim Forschungspark der Iowa State University und bei der Plattform „Truth About Trade and Technology", die offiziell „freien Handel und Agro-Biotechnologie" unterstützt, sitzt im Beirat des US-Landwirtschafts- und des US-Energieministeriums und ist Vorsitzender der Biodieselanlage „Western Iowa

Energy".[3] Einen erfolgreichen Abend hätten sie sich anders vorgestellt: Nicht einmal zehn Bauern waren gekommen und die protestierten zum Teil heftig gegen ihre Aussagen.

Einem Land kann es nur so gut gehen, so gut es seinen Bauern geht. Ein Schulterschluss zwischen Konsumenten und Bauern ist höchst an der Zeit, denn noch haben wir in Europa die Möglichkeit, die Gentechnik ganz aus Landwirtschaft und Lebensmittelproduktion herauszuhalten. Vorbild sollte Mahatma Gandhi sein: Er konnte Indien befreien, weil er im Recht war, daran glaubte und die Bevölkerung hinter sich hatte.

# 11. MEDIZIN, PHARMA UND GENTECHNIK

**Die Gentechnik in der Medizin ist im Gegensatz zur Gentechnik in Landwirtschaft und Lebensmitteln leicht rückholbar und ausführlich getestet. Dennoch ist aufgrund kritischer Vorfälle Skepsis angebracht – und die Erzeugung von Medikamenten am Acker abzulehnen.**

Als „schizophren" bezeichnet Ex-EU-Agrarkommissar Franz Fischler etwa die Österreicher, weil diese die Gentechnik in der Landwirtschaft ablehnen, aber der Gentechnik in der Medizin offen gegenüberstehen.[1] Er ist bei weitem nicht der Einzige mit einer solchen Bewertung. Doch spricht es nicht gerade für die Gentechnik-Befürworter, wenn sie die Unterschiede zwischen „grün" – auch wenn es keine „grüne" Gentechnik gibt – und „rot" nicht kennen bzw. nicht benennen:

| „Grüne" Gentechnik (Landwirtschaft) | „Rote" Gentechnik (Medizin) |
|---|---|
| Offenes System – nicht rückholbar | Geschlossenes System – leicht rückholbar |
| Täglicher Kontakt (beim Essen) | Kontakt nur im Krankheitsfall |
| Kaum getestet | Intensiv getestet |

Noch gefährlicher als die sprachliche Vermischung von „grüner" und „roter" Gentechnik ist die direkte Vermischung am Acker: Denn inzwischen wurden Pflanzen so manipuliert, dass sie am Acker Insulin, Impfstoffe, Wirkstoffe für Blutverdünnungsmittel oder Verhütungsmittel produzieren. Viel billiger soll diese Methode sein und daher die Profite der Pharmakonzerne weiter erhöhen, die eine Kostenreduktion um den Faktor 1.000 verkünden. Doch wurde die Rechnung ohne die Natur, die Bauern und die Konsumenten gemacht: Denn wie in Kapitel 5 dargestellt, gibt es keine Koexistenz. Zur Wirkstoffherstellung werden aber hauptsächlich essbare Pflanzen, vor allem Mais, verwendet. Der genmanipulierte Pharma-Mais kann einen normalen Mais zu einem „Impfmais" oder Ähnlichem machen. Nicht auszudenken, was etwa passieren könnte, wenn Schwangere über ein Salatöl mit Verhütungsmitteln in Berührung kommen. Dementsprechend scharf waren auch die Proteste der sonst gentechnikfreundlichen US-Lebensmittelindustrie, als Ventria Bioscience Reis mit Menschengenen für die Erzeugung der pharmazeutischen Stoffe Lactoferrin und Lysozym anbauen wollte. 2004 und 2005 gelang es nicht, eine Region zu finden. Seit 2007 wird dieser „Menschenreis" kommerziell in Kansas angebaut, wo sonst kein Reis wächst. Generell sind auch große Gentechnik-Pharmakonzerne dieser neuen Geschäftsquelle nicht abgeneigt: So haben Syngenta, das von Novartis abstammt, und Dow Chemical Pharmapflanzen bereits freigesetzt.

### Medikament mit Folgen

Bei allen großen Unterschieden zwischen der Anwendung der Gentechnik in der Landwirtschaft und in der Medizin gibt es auch drastische Fälle in der Medizin, die die Gefährlichkeit dieser Technologie aufzeigen: So entwickelte das junge Würzburger Biotechnologieunternehmen TeGenero unter der Bezeichnung TGN1412 ein Medikament, das gegen Blutkrebs, Multiple Sklerose oder Arthritis wirken sollte. Dabei handelte es sich um einen gentechnisch veränderten so genannten „monoklonalen Antikörper" – ein Eiweiß mit der Fähigkeit, direkt ins Immunsystem einzugreifen.

Nachdem die Tierversuche weitgehend unauffällig verlaufen waren, wurde das neue Medikament am 13. März 2006 erstmals im Londoner Northwick-Park-Krankenhaus an Menschen getestet. Für die sechs gesunden unter 30-jährigen Männer sollte es ein Horrortrip werden: Laut Augenzeugenberichten kippten sie, kurz nachdem sie das „Wundermittel" gespritzt bekamen, „wie Dominosteine" um, rissen sich die Kleider vom Leib, übergaben sich, bettelten um Hilfe und schrien, dass ihr Kopf explodieren würde. Stunden später stellten die Ärzte ein multiples Organversagen fest. So war der Kopf des 20-jährigen Ryan Wilson auf die dreifache Größe angeschwollen, erzählten seine Eltern. „Wie durch ein Wunder“, wie die behandelnden Ärzte es bezeichneten, überlebten alle sechs Betroffenen. Doch Wilson musste sich alle Zehen sowie mehrere Fingerkuppen amputieren lassen, ein Kollege erkrankte an Lymphdrüsenkrebs. Die Ereignisse versetzten Behörden, Wissenschafter und Ärzte in Ratlosigkeit, schließlich war das Medikament zunächst ohne große Nebenwirkungen an Mäusen, Ratten, Kaninchen und Affen getestet worden.[2] Dabei war die Dosis bei den Affen um bis zu 500 Mal[3] höher gewesen als jene, die in dieser ersten Menschenstudie verwendet wurde. Da weder eine Verschmutzung des Präparates gefunden noch das Medikament falsch verabreicht wurde,[4] rückte bald das genmanipulierte Medikament selbst in den Mittelpunkt. Es handelte sich um einen monklonalen Antikörper, ein Eiweiß, das direkt ins Immunsystem eingreifen kann. Doch anstatt das Immunsystem abzubremsen, passierte bei den Versuchspersonen genau das Gegenteil: Es wurden ununterbrochen entzündungsfördernde Substanzen (Zytokine) ausgeschüttet.[5]

Vielfältige Erfahrungen legen allgemein einen kritischen Umgang mit der Gentechnik auch in der Medizin nahe: Beim gentechnischen „Paradeprodukt“ Insulin lassen z.B. Studien auf ein erhöhtes Krebsrisiko schließen – besonders bei den genmanipulierten Insulinanaloga, bei denen das Insulinmolekül künstlich geändert wurde.[6] Auch lassen Erfahrungen und Studien die generell bessere Verträglichkeit des genmanipulierten Humaninsulin gegenüber Tierinsulin immer wieder anzweifeln. Ebenfalls zum Teil heftig kritisiert werden genmanipulierte Impfstoffe wie jene gegen Hepatitis B und Gebärmutterhalskrebs (HPV).

2009 waren mehr als 130 genmanipulierte Medikamente allein am deutschen Markt zugelassen.[7] Sie machten rund 16 Prozent des Pharmamarktes aus, an erster Stelle stand dabei Insulin.

# 12. VIELES ZEIGT IN DIE RICHTIGE RICHTUNG

Die Stärkekartoffel wächst bereits auf den Äckern und wurde in beträchtlichen Mengen zu Mehl verarbeitet. Endlich steht die Industrie davor, eine Knolle zu bekommen, die nur eine Stärkekomponente enthält statt bisher zwei. Denn das spart Kosten bei der Herstellung von Papier, Kunststoffen, Baustoffen, Klebemitteln und vielem mehr. Doch die Kartoffel heißt nicht Amflora, stammt nicht von BASF und sie ist nicht gentechnisch verändert, wie die deutsche Wirtschaftswoche im November 2009 berichtet. „Tilling" heißt das Verfahren, bei dem mit einer Chemikalie Mutationen im Erbgut ausgelöst werden.[1] Im Zusammenhang mit den Erkenntnissen aus der modernen Genomforschung macht Tilling das möglich, was die Gentechnikindustrie seit langem leer verspricht: dürreresistentes, glutenfreies oder pilzresistentes Getreide, länger haltbares Gemüse oder Pflanzen mit mehr Vitaminen oder mehr Süße.[2] Artgrenzen werden dabei keine überschritten. Die Pflanze macht nichts, was sie nicht auch in der Natur machen könnte. Bayer steht davor, hunderte Millionen Euro Forschungsgelder für Amflora in den Rauchfang schreiben zu müssen.

Bleibt der Gentechnikindustrie offensichtlich nur die Giftanwendung – mit allen vielfach dokumentierten Folgen. Eine ganzheitliche Betrachtung der Natur tut Not, wie sich langsam allgemein herumspricht: So ist z. B. der Maiswurzelbohrer fast nur in jenen Regionen ein Problem, wo Monokulturen vorherrschen. Bei traditioneller Fruchtfolge verschwindet er wieder.

Wie Studien zeigen, kann die Welt mit biologischer Landwirtschaft ernährt werden. Ganz neue Möglichkeiten könnten sich durch die (Wieder-)Entdeckung des „Urzeitcodes" erschließen. Ende der 1980er Jahre entdeckten Forscher des Schweizer Pharmakonzerns Ciby (heute Novartis und Syngenta), dass „elektrostatische Felder" – Hochspannungsfelder, in denen kein Strom fließt – das Wachstum von Pflanzen und Tieren erheblich steigern. Längst ausgestorbene „Urzeitformen" entwickelten sich. Pharmariese Ciba patentierte das Verfahren und unterband die Forschung unverzüglich. Zu gefährlich hätte die Entdeckung für das Saatgut-, Spritzmittel- und Düngermittelgeschäft werden können. 20 Jahre später erschien das Buch „Der Urzeitcode – die ökologische Alternative zur umstrittenen Gentechnologie" von Luc Bürgin. Laut seiner Website brachten 2008 erste Versuche mit elektrostatisch behandelten Mais- und Weizensaaten in Bayern Mehrerträge von 20 bzw. 38 Prozent.[3]

## Fütterung

Europa ist – ebenso wie Asien – ein Schlüsselmarkt für die Gentechnikindustrie. Seit 2008 gehen die GVO-Anbauflächen zurück, 2009 waren es sogar minus 20 Prozent. Ein Land nach dem anderen setzte Anbauverbote durch – dank dem Druck der Bevölkerung und trotz des Drucks der USA bzw. der WTO. Doch für die internationale Entwicklung ist die Frage der Futtermittel vielleicht sogar noch wichtiger. Denn über die Futtermittel hat es die Gentechnikindustrie geschafft, ihre Produkte überall auf die Teller zu bekommen – wenn auch auf Umwegen. In der EU gibt es bewusst keine Kennzeichnung von tierischen Produkten, bei denen die Tiere genmanipuliert gefüttert wurden. Denn solcherart gekennzeichnete Produkte würden kaum noch gekauft. Doch die Schweiz ist in der gesamten Tierfütterung gentechnikfrei. Wenn es hier geht, geht es überall. Die österreichische Milchwirtschaft ist mit dem ersten Halbjahr 2010 komplett auf gentechnikfreie Fütterung umgestellt. Vorreiter waren die unabhängigen Bauern der IG-Milch, die nicht nur für faire Milchpreise kämpfen, sondern auch als erste komplett auf gentechnikfreie Fütterung umstellten. Der Molkereikonzern Campina stellte die Marke „Landliebe" auf gentechnikfrei um, indem er ganz auf Sojafütterung verzichtete. Als Lohn stieg der Umsatz in den ersten sieben Monaten 2009 um knapp acht Prozent. Am meisten Bedeutung haben Eiweißpflanzen bei der Hühner- und Schweinefütterung. Gensoja konnte sich in Nord- und Südamerika nur deshalb so ausbreiten, weil hierzulande auf Fleisch, Eiern oder Milchprodukten nirgends die Art der Fütterung ersichtlich ist. Doch in Brasilien wächst immer noch genügend gentechnikfreies Soja, um fast den gesamten Bedarf für die EU abzudecken. Futtermittelhändler wie Josef Feilmeier aus Bayern oder das Handelshaus Pilstl in Oberösterreich gingen mit garantiert gentechnikfreien Sortimenten – mit einem Grenzwert von 0,1 Prozent – voran und zeigten, dass es diese Ware ausreichend gibt. Unternehmen wie „Toni's Freilandeier" zeigten Vorbildwirkung – wie alle Biobetriebe, die ohnehin gentechnikfrei wirtschaften müssen. Großlieferanten und Gensoja-Händler wie Raiffeisen mussten mehr oder weniger unfreiwillig zumindest teilweise nachziehen. Doch heißt es nicht nur, entstandenen Schaden wieder gutzumachen, sondern bereits den Anfängen zu wehren. So forderte der „Verband Private Brauereien Deutschland" – er vertritt zwei Drittel aller deutschen Braustätten – die Bundesregierung im Mai 2007 auf, „eine Gefährdung des gentechnikfreien Anbaus von Braurohstoffen wie Gerste und Weizen durch den Anbau gentechnisch veränderter Pflanzen auszuschließen". Hintergrund war der Versuchsanbau von genmanipulierter Gerste in Gießen und von Genweizen in Gattersleben. „Nach dem Selbstverständnis eines Mittelstandsbrauers schließen sich das Reinheitsgebot für Bier, das seit 1516 gilt, und die Verwendung gentechnisch modifizierter Braurohstoffe eindeutig aus", erklärte Franz Ehrnsperger, Inhaber der Öko-Brauerei Neumarkter Lammsbräu.

## Zusatzstoffe und Patente

Kein Nahrungsmittel soll mehr mit der Gentechnik in Berührung kommen. Auch nicht bei der Herstellung von Vitaminen, Aromen oder Zusatzstoffen. Essen soll wieder Freude machen, indem man sich keine

Biologische Landwirtschaft und „Urzeitcode" als Versprechen für die Zukunft

Sorge um genmanipulierte Bestandteile machen muss. Das endgültige Ende der „grünen Gentechnik" – die nie grün war und nie grün sein wird – wird aber nur durch das Verbot von Patenten auf Leben besiegelt. Nie im Leben hätten Menschen in einer Volksabstimmung der Einführung der Gentechnik zugestimmt und ebenso wenig hätten sie Patente auf Leben abgesegnet.

Deshalb wird in Österreich das Gentechnik-Volksbegehren von 1997 so lange nicht in Vergessenheit geraten, bis die drei Forderungen von der Politik umgesetzt sind:

- Kein Essen aus dem Genlabor (= keine genmanipulierten Nahrungs- und Futtermittel)
- Keine Freisetzungen gentechnisch veränderter Organismen in der Landwirtschaft
- Kein Patent auf Leben

José Bové führte die Feldbefreier in Frankreich an – und hatte Erfolg

Der damalige Sprecher Peter Weish: „Uns wurde schon damals gesagt, wir sind zu spät dran. Doch der Siegeszug der Gentechnikindustrie ist stark eingebremst worden.“ Ein Sieg der Zivilgesellschaft sei möglich: „Wie sollen diejenigen aufzuhalten sein, die ihre Lage erkannt haben?“

Monatelang protestierten im Herbst 2009 Milchbauern für gerechte Preise. Überall sind Bauern und Konsumenten in den vergangenen Jahren gegen die Gentechnik aufgestanden – bis hin zum Hungerstreik. Joseph Wilhelm, der Gründer der Biomarke Rapunzel, machte „genfrei gehen“ zum Kult und marschierte für ein gentechnikfreies Europa einmal durch Deutschland und einmal nach Brüssel.

Greenpeace, Friends of the Earth & Co. haben bei der Aufklärung von Gentechnik-Gefahren viel geleistet. Doch zogen sie es bisher vor, allem und jedem Problem hinterherzulaufen, anstatt unmissverständlich ein striktes Gentechnikverbot zu fordern. Auch haben sie es verabsäumt, die unheilvollen, undemokratischen Entwicklungen insbesondere in der EU zu bekämpfen – zu sehr scheinen sie ihr Heil in der Präsenz auf „politischer Ebene“ zu sehen. Der WWF rief sogar einen „Runden Tisch für die verantwortungsvolle Nutzung von Soja“ (RTRS) ins Leben. Eine Welle der Kritik brach los, weil der WWF gemeinsam mit den weltgrößten Agrarhandelskonzernen Cargill, Archer Daniels Midland (ADM) und Bunge, gemeinsam mit den Erdölriesen BP und Shell und gemeinsam mit Monsanto Kriterien für das „Grünwaschen“ von Gensoja aushandelte.[4] Kleine oder weniger bekannte Gruppen wie die Antigentechnik-Plattform „Pro Leben“, die Feldbefreier in Frankreich und Deutschland, deutsche Imker oder auch die Initiative Gentechnikverbot waren hier viel strikter und klarer. Auf jeden Einzelnen kommt es an, heißt das Fazit. Spenden alleine wird zu wenig sein.

## Das Recht geht vom Volk aus

„Das Recht geht vom Volk aus“, heißt es in den meisten demokratischen Verfassungen. Dieses Recht ist auch bei der Frage nach der Zukunft der Ernährung besonders einzufordern.

Denn der „gesunde Hausverstand“ der Menschen und die Abwendung von der Expertenhörigkeit wird uns auch gesunde Lebensmittel bringen.

Verbieten muss man Dinge, die unabsehbare Folgen für Mensch sowie Natur haben können und die gefährlich sind bzw. gefährlich sein können. Das trifft auf die Gentechnik ebenso zu wie auf die Atomtechnologie. Deshalb sind die nationalen Politiker aufgefordert, Landwirtschaft und Lebensmittel und somit die Menschen zu schützen. Strikte Gentechnikverbote sind zu erlassen, egal ob dies der derzeitige Rechtsrahmen erlaubt oder nicht. Denn der Schutz unserer Lebensgrundlagen muss wichtiger sein als bestehendes (Un-)Recht z. B. der WTO oder der EU. Gesunde, kulturell akzeptierte Nahrung ist ein Menschenrecht!

# 13. DAS ENDE DER GENTECHNIK

Wie in den vorangegangenen Kapiteln behandelt, birgt die Gentechnik unzählige Gefahren für die Zukunft. Und wir brauchen sie schlicht und einfach nicht – nirgends. Noch können wir Landwirtschaft und Lebensmittel retten. Noch können wir die Weichen stellen für „kleine Bauern", regionale Versorgung und naturnahes, biologisches Essen.

Geht es nach dem Willen der Politik, so stehen unzählige Zulassungen für neue Gentechnik-Pflanzen vor der Tür. Manche EU-Staaten würden deren Anbau verbieten, andere würden mit dem Anbau beginnen oder ihn stark ausweiten. Monsanto-Chef Hugh Grant hat bereits angekündigt, auch in Europa die Gen-Polizei auf die Felder der Bauern zu schicken. Die totale Entrechtung der Bauern und Streit in den Dörfern wären die Folgen. Vor allem aber würden alle Staaten mit genmanipulierten Futter- und auch Lebensmitteln aus dem Ausland überschwemmt. Die Industrie hätte enorme Zugewinne.
Auf der anderen Seite haben mutige Kämpfer rund um die Welt die Weichen in die richtige Richtung gestellt: Zahlreiche Anbauverbote wurden erlassen, unter anderem in den großen Agrarländern Frankreich und Deutschland. In den USA ging 2009 erstmals der Gensoja-Anbau zurück, in der EU sank die Fläche der Gentechnik-Äcker gleich um 20 Prozent.
Niemand braucht die Gentechnik – außer wenige multinationale Konzerne und die von ihnen abhängigen Wissenschafter, wie es Alfred Haiger, stets mahnender Nutztierwissenschafter ausdrückt. Die Mehrheit der Menschen lehnt sie ab. Es ist höchste Zeit, sie zu verbieten. Diesmal geht es um ein Verbot im Sinne der Menschen und der Schöpfung und nicht im Sinne der Industrie.

Percy Schmeiser kämpft weltweit für eine lebenswerte Zukunft

Ein striktes, generelles, nationales Gentechnikverbot besiegelt das Ende der Gentechnik im eigenen Land. Kein Acker, kein Lebensmittel, kein Futtermittel, wenn möglich auch kein Vitamin oder Geschmacksverstärker darf mehr verseucht sein. Nicht konzerngesteuertes internationales Recht darf das Maß aller Dinge sein, sondern die Bedürfnisse der Menschen und der nachfolgenden Generationen. Ein nationales Gentechnikverbot hat auch Auswirkungen auf andere Länder. Gentechnik-Produzenten verlieren ein Land als Abnehmer. Das Land selbst erhält gesunde Lebensmittel, eine stärkere Demokratie, Selbstbestimmung sowie Ernährungssouveränität und bringt den Stein ins Rollen. Es wird Vorbild für andere Staaten, die ebenfalls dem Beispiel folgen werden. Schritt für Schritt schaffen wir eine gentechnikfreie Welt.

# 14. TIPPS UND KENNZEICHNUNG

Wie kaufe ich gentechnikfrei ein?
Am besten Nahrungsmittel aus der Region (so keine genmanipulierten Pflanzen angebaut werden), biologisch oder mit einem Siegel „ohne Gentechnik" bzw. „Gentechnikfrei" versehen. Motto: Je natürlicher und je weniger verarbeitet, je weniger Fertiggerichte oder Zusatzstoffe, desto besser.

**Die Kennzeichnungsvorschriften der EU sind äußerst mangelhaft:**

- Erst ab einer GVO-Verschmutzung von 0,9 Prozent, muss dies auf der Verpackung stehen – auch bei Bio und den „Gentechnikfrei"-Siegeln!
- Fleisch, Eier und Milchprodukte von Tieren, die mit genmanipulierten Futtermitteln gefüttert wurden, müssen nicht gekennzeichnet werden
- Ebensowenig sind Produkte zu deklarieren, die mit Hilfe von genmanipulierten Bakterien hergestellt wurden oder Produkte, bei denen Bakterien mit genmanipulierten Nährlösungen gezogen werden

**Gekennzeichnet werden müssen Produkte, die ...**

- ... gentechnisch verändert sind: z.B. Soja und Mais
- ... aus gentechnisch veränderten Organismen hergestellt wurden: Soja-, Mais-, Raps- und Baumwollsaatöl, Zucker aus genmanipulierten Zuckerrüben (aus USA), Maisstärke aus Genmais oder Soja-Lecithin aus genmanipulierter Soja
- ... gentechnisch veränderte Organismen enthalten: z. B. Joghurt mit gentechnisch veränderten Bakterien

**Vorsicht ...**

- ... bei Produkten mit Soja, Mais und Raps. So sind z. B. Produkte aus 100 Prozent österreichischer Soja, österreichischem Mais oder europäischem Raps mit großer Wahrscheinlichkeit ganz gentechnikfrei.

- … insbesondere bei Ölen bzw. pflanzlichen Fetten aus den oben genannten Pflanzen plus Baumwollsaatöl. Sie werden u. a. verwendet als Speiseöle, in gehärteter Form für die Margarineherstellung, als Back- und Bratfette sowie zum Frittieren z. B. von Kartoffelchips und anderem Knabbergebäck.
- bei Fleisch und Eier aus konventioneller Tierzucht. Schweinefleisch und Hühnerfleisch sowie Eier hatten fast durchwegs Kontakt mit der Gentechnik. Tiere aus biologischer Landwirtschaft werden garantiert gentechnikfrei gefüttert. In der Schweiz werden alle Tiere gentechnikfrei gefüttert. In Österreich gibt es beim konventionellen Rindfleisch einzelne gentechnikfreie Marken wie z. B. „Almo" von Schirnhofer.
- bei Milchprodukten aus konventioneller Landwirtschaft. Erfreuliche Ausnahmen: Schweiz und mit 1. Halbjahr 2010 auch Österreich, wo alle Milchkühe gentechnikfreies Futter bekommen.
- bei Süßigkeiten mit Zucker aus US-Zuckerrüben.
- generell bei Produkten insbesondere aus USA, Kanada und China. Hier gab es schon unzählige Freilandversuche genmanipulierter Pflanzenarten, deren Spuren oft erst Jahre später in Nahrungsmittel festgestellt wurden – z.B. Genreis oder Genleinsamen.
- bei künstlich hergestellten Vitaminen, Lebensmittelzutaten und Zusatzstoffen: Laut der Pro-Gentechnik-Plattform „Transgen" gab es Ende 2009 rund 130 dieser Stoffe, die gentechnisch verändert waren – von Aminosäuren über das hoch umstrittene Aspartam und Glutamat bis hin zu verschiedenen Sojaprodukten und den Vitaminen B2, B12, C und E.

**Sonderfall Bio:** Biologische Landwirte dürfen in keiner Form Gentechnik verwenden. Allerdings müssen laut der 2009 in Kraft getretenen EU-Bio-Verordnung Bio-Produkte mit bis zu 0,9 Prozent Gentechnik-verschmutzung von außen nicht gekennzeichnet werden – z. B. bei Tofuwürsteln. In derselben Form wurde das österreichische „Gentechnikfrei“-Siegel entwertet.

Nähere Informationen bieten Einkaufsratgeber wie jene von Greenpeace.

**Kleidung:** Ein bedeutender Teil der weltweit geernteten Baumwolle ist bereits gentechnisch verändert. Jedoch gibt es eine immer breitere Auswahl an Bekleidungsartikeln, die aus gentechnikfreier, biologischer Baumwolle hergestellt sind, z.B. beim Unternehmen Ainoah (www.ainoah.at).

**Einstellung:** Die beste Qualität zum billigsten Preis gibt es nicht. Die Schnäppchenjagd führt zu Bauernsterben, Tierquälerei, Tiertransporten und letztlich auch zum Einsatz der Gentechnik. Oft ist ein frisch gekochtes Gericht mit saisonalen, sogar biologischen Zutaten aus der Region billiger als eine Fertigmahlzeit oder ein ausgedehnter Imbiss im Fast-Food-Lokal.

**Aktion:** Schreiben Sie Firmen an, ob sie absolut gentechnikfreie Ware garantieren können – auch im Bio-Bereich. Wer gentechnikfrei liefern will, der kann das nämlich meist auch: Bei Soja-Futtermitteln garantiert die Firma Imcopa gentechnikfreie Ware aus Brasilien mit einem Grenzwert von 0,1 Prozent. Auf der anderen Seite soll es keine biologischen, absolut gentechnikfreien (= 0,0 Prozent) Tofuprodukte aus Soja geben, obwohl im deutschsprachigen Raum kein Gensoja angebaut wird? Was bisher fehlte, ist der Druck der Konsumenten.

# MINI-GLOSSAR

**Chromosom:** Besteht aus DNS und Eiweißen. Ist ein fadenförmiges Gebilde im Zellkern, das eine Serie von Genen enthält. Ein Mensch besitzt 46, Weizen 42, ein Karpfen 104 Chromosmen.

**DNS (engl.: DNA):** Desoxyribonukleinsäure, chemische Substanz, aus der die Gene bestehen, sieht aus wie eine Wendeltreppe („Doppelhelix“).

**EFSA:** Europäische Behörde für Lebensmittelsicherheit, oberste Prüfungsinstanz der EU für GVO

**FDA:** Food and Drug Administration, US-amerikanische Nahrungs- und Arzneimittelbehörde, erkannte 1992 GVO als „allgemein sicher“ an.

**Gen:** Erbanlage oder Erbfaktor, Träger der Erbinformation, Gene liegen auf den Chromosomen

**Genom:** Gesamtheit aller Gene eines Organismus

**Genotyp:** Genbestand der Zellen, in jeder Zelle eines Individuums gleich

**Gentechnik:** Führt neue, künstliche Gene in Pflanzen oder Tiere, wie sie in der Natur nie vorkommen würden. Diese Gene sind neu für das Ökosystem und neu für das Immunsystem

**GVO:** gentechnisch veränderter Organismus; Organismus, dessen genetisches Material (DNS) so verändert wurde, wie es auf natürliche Weise durch Kreuzen und/oder natürliche Rekombination nicht möglich ist. Z. B. Genmais, Gensoja oder ein genmanipuliertes Schwein

**Phänotyp:** Erscheinungsbild des Individuums

**Traditionelle Züchtung:** Ändert das Erscheinungsbild (den Phänotyp) des Individuums, bleibt innerhalb der von der Natur eingebauten Schranken

## Fußnoten 1. Kapitel

[1] Jeffrey M. Smith „Trojanische Saaten", Riemann-Verlag S. 26

[2] Marie-Monique Robin: Film „Mit Gift und Genen" (Original: „Le Monde Selon Monsanto") http://genfood.wordpress.com/2008/05/30/video-monsanto-mit-gift-und-genen-2/

[3] The Lancet, 16. Oktober 1999: S. W. Ewen, A. Pusztai: „Effect of diets containing genetically modified potatoes expressing Galanthus nivalis lectin on rat small intestine."

[4] Zitat: „The possibility that a plant vector in common use in some GM plants can affect the mucosa of the gastrointestinal tract and exert powerful biological effects may also apply to GM plants containing similar constructs, particularly those containing lectins, such as soya beans or any other plants expressing lectin genes or transgenes."

[5] R. Mosenthin, J. Zentek, T. Zebrowska (ed.): „Biology of nutrition in growing animals, 4"; Chapter 17: A. Pusztai and S. Bardocz: „GMO in animal nutrition: potential benefits and risks"

[6] http://www.die-anstifter.de/?p=2080#more-2080

[7] Kommentar am 16. Mai 2008 in der deutschen Tageszeitung „Die Welt", http://www.welt de/welt_print/article2000274/Wir_brauchen_einen_Unfall.html

[8] Nachrichtenmagazin „profil" Nr. 6/2006, S. 104–113

[9] „profil" Nr. 6/2006, S. 104–113

[10] Aussage im Film „Leben außer Kontrolle – von Genfood und Designerbabies", Bertram Verhaag, Gabriele Kröber, 2004

[11] Studie: http://www.lfl.bayern.de/ite/rind/35021/index.php
Kritik von Greenpeace: http://www.greenpeace.de/fileadmin/gpd/user_upload/themen/gentechnik/Kritische_Stellungnahme_Fuetterungsversuch_final_gesamt.pdf

[12] Presseaussendung 17. November 2005: „We asked why there was a reaction to the GM peas and not beans, which also have the alpha-amylase inhibitor, and which humans have been eating for many years without evidence of an immune response." http://www.csiro.au/news/GMPeaStudy.html

[13] „Journal of Agricultural and Food Chemistry" (Bd. 53, S. 9023) http://pubs.acs.org/cgi-bin/abstract.cgi/jafcau/2005/53/i23/abs/jf050594v.html
CSIRO-Presseaussendung: http://www.csiro.au/csiro/content/standard/pssp.html
Factsheet Klaus Ammann, SAG: http://www.gentechnologie.ch/papiere/fs_erbsen.pdf

[14] Studie – Zusammenfassung: http://pubs.acs.org/doi/abs/10.1021/jf802059w?prevSearch=%5Babstract%3A+MON810%5D&searchHistoryKey=
Zusammenfassung „Institute of Science in Society": http://www.i-sis.org.uk/MON810gmMaize-MiceImmuneSystem.php
Presseaussendung Global 2000: http://www.ots.at/presseaussendung.php?schluessel=OTS_20081126_OTS0026

[15] Chemical Research in Toxicology, 2009, 22 (1), pp 97–105, http://pubs.acs.org/doi/abs/10.1021/tx800218n: Zitat: „All R formulations cause total cell death within 24 h …"

[16] „This dilution level is far below agricultural recommendations and corresponds to low levels of residues in food or feed."

[17] http://www.ipsnews.net/news.asp?idnews=46516„The observed deformations are consistent and systematic."

[18] Der erste Artikel zu Carrscos Forschungsergebnissen wurde in der argentinischen Tageszeitung„Página12" am 13. April 2009 veröffentlicht: http://www.pagina12.com.ar/diario/elpais/1-123111-2009-04-13.html

[19] Vereinigung Argentinischer Umweltanwälte: Asociación Argentina de Abogados Ambientalistas: www.aadeaa.org.ar

[20] 2004 veröffentlichte Studie des Wissenschafters Dr. Yoichiro Kuroda vom Tokyo Metropolitan Institute for Neuroscience

[21] Anfrage Fraktion„Linke" im Bundestag: http://dip21.bundestag.de/dip21/btd/16/118/1611841.pdf

[22] Marie-Monique Robin„Mit Gift und Genen – Wie der Biotech-Konzern Monsanto unsere Welt verändert" (Original:„Le Monde Selon Monsanto". De la dioxine aux OGM, une multinationale qui vous veut du bien), Editions La Découverte, Paris, Frankreich, 2008

[23] http://fairwhistleblower.ca/books/corrupt_to_the_core.html Shiv Chopra:„Corrupt to the Core", Kos Publishing Inc.

[24] http://www.dialog-gentechnik.at/?id=10011165

[25] Interview mit der Zeitschrift„Gen-ethischer Informationsdienst", GID Nr. 194 – Juni 2009 http://www.gen-ethisches-netzwerk.de/gid/194/kleiner-parasit-grosse-wirkung

[26] Netherwood, T., Martin-Orúe, S.M., O'Donnell, A.G., Gockling, S., Graham, J., Mathers, J.C., Gilbert, H.J., 2004:„Assessing the survival of transgenic plant DNA in the human gastrointestinal tract." „Nature Biotechnology" 22, p. 204–209. Zusammenfassung: http://www.nature.com/nbt/journal/v22/n2/abs/nbt934.html

[27] Mae-Wan Ho:„Living with the Fluid Genome", Inside Science 2003; Mae-Wan Ho, Joe Cummins:„Horizontal gene transfer from GMOs does happen", 2008: http://www.i-sis.org.uk/horizontalGeneTransfer.php; Übersetzung aus dem Englischen von Jutta Hercher: http://db.zs-intern.de/uploads/1207904629-08_04_11_uebersetzung_pm_%20horizontaler_gentransfer.pdf

[28] Mazza et al 2005:„Assessing the transfer of genetically modified DNA from feed to animal tissues". Transgenic Research (2005) Vol. 14, Number 5, Oct. 2005, p. 775–784; Kurzzusammenfassung: http://www.springerlink.com/content/71v45875180354r2/

[29] Agriculture and Agri-Food Canada Research Centres, Lethbridge, Alberta, Canada: http://www.ncbi.nlm.nih.gov/pubmed/16506822?ordinalpos=3&itool=EntrezSystem2.PEntre

[30] Artikel in der Washington Post vom 16. 1. 2008: http://www.washingtonpost.com/wp-dyn/content/article/2008/01/16/AR2008011603134.html

[31] „Morgellons skin fibers appear to contain cellulose. This observation indicates possible involvement of pathogenic Agrobacterium, which is known to produce cellulose fibers at infection sites within host tissues. (...) Our preliminary results indicate that Agrobacterium may be involved in the etiology and/or progression of Morgellons disease. If these results are confirmed, it would be the first example of a plant-infecting bacterium playing a role in human disease. Further testing is ongoing to validate this observation and to determine whether

Agrobacterium not only resides in the infected areas, but also transforms them genetically."
http://www.morgellons.org/suny.htm

[32] (...) Vitaly Citovsky (...) found that Morgellons lesions contain Agrobacterium, a genus of bacterium that causes tumours in plants. Control groups test negative. In 2001, when he knew nothing of Morgellons, Citovsky discovered that Agrobacterium, which is used commercially to produce genetically modified plants, is – under laboratory conditions, at least – able to insert its DNA into human cells. This is the only recorded example of trans-kingdom DNA transfer (Proceedings of the National Academy of Sciences, Vol. 98, p. 1871). http://www.newscientist.com/article/mg19526210.700-morgellons-disease-the-itch-that-wont-be-scratched.html

[33] http://www.globalresearch.ca/index.php?context=va&aid=9891

[34] Laut Morgellons Research Foundation: http://www.morgellons.org/

[35] http://www.cdc.gov/unexplaineddermopathy/investigation.html#current_status

[36] „FDA's Regulation of the Dietary Supplement L-Tryptophan." Human Resources and Intergovernmental Subcommittee of the Committee on Government Operations, United States House of Representatives, Washington, D.C, 1991; siehe auch: FDA, Feb. 2001: „Information Paper on L-Tryptophan and 5-hydroxy-L-Tryptophan": http://vm.cfsan.fda.gov/~dms/ds-tryp1.html

[37] Jeffrey M. Smith, S. 155

[38] Jeffrey M. Smith: „Trojanische Saaten", Riemann-Verlag, S. 161: „Während das CDC ungefähr 100 Fälle identifizierte, die mehrere Jahre vor dem Ausbruch der Epidemie im Mai 1989 begonnen hatten, liegt die Zahl wahrscheinlich zwischen 350 und 700 Fällen, weil das passive Überwachungssystem der Behörde nur einen von jeweils vier Fällen registriert – vielleicht sogar noch weniger."

[39] „Physicians and Scientists for Responsible Application of Science and Technology": http://psrast.org/demsd.htm

[40] http://psrast.org/demsd.htm: a)Tobacco plants were genetically engineered to produce the Gamma-linoleic acid, a popular food supplement. In stead the plant unexpectedly mainly produced the toxic octadecatetraenic acid. This substance does not exist in the natural tobacco plant. (Reddy SA, Thomas TL. „Nature Biotechnology", Vol. 14, p. 639–642, May 1996)
b) When a yeast was manipulated for increased fermentation there was an unexpected production of a metabolite (methyl-glyoxal) in toxic and mutagenic concentrations. (Inose, T. Murata, K. Int. J., Food Science Tech. 30, p. 141–146, 1995).

[41] http://psrast.org/demsd.htm: „Just at the time of the accident, the Biotech corporations were about to launch GE foods. If EBT were proven to be the cause of EMS, it would be probable that GE was the reason for the disaster. They realized that this would make it psychologically impossible to sell GE foods on the market without very expensive (billion dollar) safety testing which would wreck the whole GE food project that just was about to be launched."

[42] Jeffrey M. Smith, S. 164

[43] Am 27. September 1991 erklärte der Leiter der FDA-Biotechnologie-Arbeitsgruppe

Dr. James Maryanski laut seiner eigenen Niederschrift gegenüber Vertretern der Regierung: „Ich sagte, dass wir keine neuen Informationen haben, dass wir jetzt nicht den Grund für EMS wissen, dass wir auch nicht die Veränderung des Organismus ausschließen können."
„I said that we have no new information, that we do not yet know the cause of EMS nor can we rule out the engineering of the organism." (emphasis added). (FDA Administrative Record at 22,923.) http://www.biointegrity.org/fdaPMP.html
[44] Jeffrey M. Smith, S. 171
[45] AKW Harrisburg/Three Mile Island, USA: Am 28. März 1979 ereignete sich der bis dahin schwerste Unfall in einem Atomkraftwerk. Radioaktivität wurde freigesetzt und der Reaktorkern schwer beschädigt, es kam zum weltweit ersten GAU (größter anzunehmender Unfall).
[46] http://psrast.org/demsd.htm: „Showa Denko was the ‚Harrisburg' of Genetic Engineering. We should not need a ‚Chernobyl' before it is banned, especially as no GE food and no other GE product provides any such benefit that it is justified to take any risk at all by using it."
[47] http://www.monsanto.co.uk/news/ukshowlib.phtml?uid=13995
[48] http://www.europabio.org/JRC%20docs/13_Syngenta.pdf
[49] http://www.aaemonline.org/gmopost.html

## Fußnoten 2. Kapitel

[1] Ein Text über die Ereignisse bis 2004 kann unter der Internetadresse www.gentechnikverbot.at heruntergeladen werden.

## Fußnoten 3. Kapitel

[1] Anwendung der Genkanone v. a. bei einkeimblättrige Pflanzen wie Mais, Weizen oder Reis
[2] Anwendung der Infektion bei zweikeimblättrigen Pflanzen wie Soja, Raps, Kartoffel oder Zuckerrübe
[3] Florianne Koechlin: „Zellgeflüster – Streifzüge durch wissenschaftliches Neuland", Lenos-Verlag
[4] http://www.3sat.de/dynamic/sitegen/bin/sitegen.php?tab=2&source=/nano/bstuecke/02382/index.html
[5] http://www.zeit.de/2008/25/M-Genetik
[6] Originalzitat: „We really have a poor understanding of what a gene actually does and where and when it should do it. You can understand the entire genome and (still) understand less than 1 percent about what is going on in a cell." www.boston.com
[7] „The function of most genes is not yet known." www.genome.gov/13014330
[8] Erschienen in der deutschen Online-Zeitung FAKTuell: http://www.faktuell.de/content/view/2160/181/
[9] Bruce H. Lipton: „Intelligente Zellen – Wie Erfahrungen unsere Gene steuern", Koha-Verlag, Burgrain, 6. Auflage 2008
[10] Florianne Koechlin, Zellgeflüster ebenda, S. 159
[11] http://www.jneurosci.org/cgi/content/abstract/29/5/1496

## Fußnoten 4. Kapitel

[1] http://www.transgen.de/pflanzenforschung/anbaueigenschaften/920.doku.html http://www.kws.de/aw/KWS/Germany/Service_Presse/presse-infos/_/Pressemitteilungen/~czwn/Grosser_Markterfolg_der_Roundup_Ready_Zuc/

[2] Engl. Originalaussage von Morton: „This was a coordinated effort to genetically modify an entire sector of the processed food industry simultaneously and without holdouts that might otherwise have provided a source of conventional beet sugar to fulfill non-GMO consumer demand." http://www.non-gmoreport.com/articles/jun08/sugar_beet_industry_converts_to_gmo.php

[3] http://www.organicconsumers.org/articles/article_16766.cfm

[4] http://www.naturkost.de/wp/2009/09/us-richter-stoppt-monsantos-zuckerruben/

[5] ETCGroup: „The World´s Top 10 Seed Companies 2007": http://www.etcgroup.org/en/materials/publications.html?pub_id=656

[6] „Stacked traits" – Hybride aus zwei oder mehreren gentechnisch veränderten Pflanzen: http://www.isaaa.org

[7] www.organic-center.org/science.pest.php?action=view&report_id=159

[8] „Die Zeit", 22. 1. 2009, Nr. 5, S. 21

[9] http://www.france24.com/en/20090418-superweed-explosion-threatens-monsanto-heartlands-genetically-modified-US-crops

[10] National Agricultural Statistics service (NASS) des US-Landwirtschaftsministeriums USDA, 30. 6. 2009

[11] United States Department of Agriculture, Economic Information Bulletin Number 11, April 2006: „The First Decade of Genetically Engineered Crops in the United States"; Originalzitat von Seite 9: „Currently available GE crops do not increase the yield potential of a hybrid variety. In fact, yield may even decrease if the varieties used to carry the herbicide-tolerant or insect-resistant genes are not the highest yielding cultivars." http://www.ers.usda.gov/publications/eib11/eib11.pdf

[12] „The Independent", 20. 4. 2008: „Monsanto said yesterday that it was surprised by the extent of the decline found by the Kansas study, but not by the fact that the yields had dropped. It said that the soya had not been engineered to increase yields, and that it was now developing one that would." http://www.independent.co.uk/environment/green-living/exposed-the-great-gm-crops-myth-812179.html

[13] Aufstellung der Soil Association (US-Bioverband): http://www.soilassociation.org/web/sa/saweb.nsf/7626dec679c2455580256de2004bae42/3cacfd251aab6d318025742700407f02!OpenDocument

[14] Eliason R. and Jones L., August 2004: „Stagnating National Bean Yields" – Präsentation bei der Midwest Soybean Conference in Des Moines, Iowa.

[15] http://www.ucsusa.org/assets/documents/food_and_agriculture/failure-to-yield.pdf

## Fußnoten 5. Kapitel

[1] http://www.phantastik-couch.de/john-wyndham-die-triffids.html

[2] http://www.theglobeandmail.com/news/national/attack-of-the-triffids-has-flax-farmers-baffled/article1340838

[3] http://www.flaxcouncil.ca/files/web/Flax%20Sampling%2030%20October%202009.pdf

[4] http://www.greenpeace.org/raw/content/international/press/reports/risky-business.pdf

[5] „Washington Post", 22. 11. 2006: http://www.washingtonpost.com/wp-dyn/content/article/2006/11/21/AR2006112101265.html:„... an act of God"; and farmers' „own negligence, carelessness, and/or comparative fault."

[6] http://ec.europa.eu/agriculture/publi/reports/coexistence2/speak_de.pdf

[7] www.gmcontaminationregister.org

[8] Lyle F. Friesen, Alison G. Nelson, and Rene C. Van Acker: „Evidence of Contamination of Pedigreed Canola (Brassica napus) Seedlots in Western Canada with Genetically Engineered Herbicide Resistance Traits", Agronomy Journal 95 (2003): p. 1342–1347

[9] http://europa.eu/rapid/pressReleasesAction.do?reference=IP01679&format=HTML&aged=1&language=DE&guiLanguage=en

[10] http://www.bio-austria.at/presse/presseaussendungen/presseaussendungen_archiv/pressemeldung_28

[11] Punkt 2.1.4.: „Verhältnismäßigkeit" der „Leitlinien für die Erarbeitung einzelstaatlicher Strategien und geeigneter Verfahren für die Koexistenz gentechnisch veränderter, konventioneller und ökologischer Kulturen", die am 29. 7. 2003 im Amtsblatt der EU veröffentlicht wurden.

[12] Dies verdeutlicht Rühl, wenn er von Gentechnik-Verunreinigungen im Saatgut spricht: „Es gibt zurzeit noch keinen Schwellenwert für zulässige GVO-Beimischungen im Saatgut. (...) Sollte es in Zukunft einen Saatgutschwellenwert geben – diskutiert wird derzeit ein Wert zwischen 0,1 und 0,5 Prozent – würde das den Spielraum für weitere GVO-Einträge beim Anbau natürlich einschränken."

[13] „Der Standard", 24. 1. 2006

[14] This means that this is the baseline for all evaluations of „PROPORTIONALITY" of coexistence measures during the ongoing notification procedure.

[15] „Kurier", 4. 9. 2001, S. 22

## Fußnoten 6. Kapitel

[1] Interview „Süddeutsche Zeitung", 17. 7. 2000

[2] Film „Arme Sau – das Geschäft mit dem Erbgut" von Christian Jentzsch

[3] Urteil des Supreme Courts vom 16. 6. 1980: http://caselaw.lp.findlaw.com/scripts/getcase.pl?court=us&vol=447&invol=303

[4] http://www.tradeobservatory.org/library.cfm?refID=24157

[5] „Since no existing trade group or association really filled the bill, we had to create one (...) Once created, the first task of the IPC was to repeat the missionary work we did in the U.S. in the early days, this time with the industrial associations of Europe and Japan to convince

them that a code was possible (...) We consulted many interest groups during the whole process. It was not an easy task but our Trilateral Group was able to distill from the laws of the more advanced countries the fundamental principles for protecting all forms of intellectual property (...) Besides selling our concepts at home, we went to Geneva where (we) presented (our) document to the staff at the GATT Secretariat. We also took the opportunity to present it to the Geneva based representatives of a large number of countries (...) What I have described to you is absolutely unprecedented in GATT. Industry has identified a major problem for international trade. It crafted a solution, reduced it to a concrete proposal and sold it to our own and other governments (...) The industries and traders of world commerce have played simultaneously the role of patients, the diagnosticians and the prescribing physicians."
Originalzitat in: „A GATT Intellectual Property Code", James R. Enyart, Les Nouvelles: Journal of the Licensing Executives Society, 1990, Vol. 25, No. 2, p. 53–56; Zitiert von Vandana Shiva: http://www.ces.uc.pt/emancipa/research/en/ft/globalizacao.html
Deutsche Übersetzung: http://www.zum.de/Foren/frei/archiv/a364.html

[6] EPC, Art. 53b

[7] http://eupat.ffii.org/gasnu/kamni/index.de.html

[8] Christoph Then, Ruth Tippe: „Saatgut und Lebensmittel – zunehmende Monopolisierung durch Patente und Marktkonzentration", verfasst für die internationale Koalition „No Patents On Seeds", April 2009: http://www.no-patents-on-seeds.org/images/documents/report_future_of_seed_de.pdf

[9] ebenda

[10] Stellungnahme Christoph Then: http://www.konzern-kritik.de/monsanto.htm

[11] Greenpeace, Einzelkämpfer rund um den Globus und der Film „Arme Sau – das Geschäft mit dem Erbgut" von Christian Jentzsch zeigten der Öffentlichkeit die dramatischen Folgen auf.

[12] http://www.monsanto.com/monsanto_today/for_the_record/pig_patent.asp

[13] http://www.keinpatent.de/index.php?id=125

[14] Christoph Then, Ruth Tippe: „Neue Runde im Tier-Monopoly: Patente auf Kuh, Schwein, Milch und Schnitzel?", Herausgeber: Greenpeace Deutschland, April 2009

[15] Biopatentrichtlinie (RL 98/44EG), Art. 8, Abs. 2: „Der Schutz eines Patents für ein Verfahren, (...) umfasst das mit diesem Verfahren unmittelbar gewonnene biologische Material und jedes andere mit denselben Eigenschaften ausgestattete biologische Material, das durch generative oder vegetative Vermehrung in gleicher oder abweichender Form aus dem unmittelbar gewonnenen biologischen Material gewonnen wird."

[16] Christoph Then, Ruth Tippe: „Saatgut und Lebensmittel – zunehmende Monopolisierung durch Patente und Marktkonzentration", verfasst für die internationale Koalition „No Patents On Seeds", April 2009, S. 26: http://www.no-patents-on-seeds.org/images/documents/report_future_of_seed_de.pdf

[17] Biopatentrichtlinie (RL 98/44EG), Art. 4 Abs. 2

[18] http://umweltinstitut.org/gentechnik/patentierung/frontalangriff-der-gentechnikkonzerne---interview-mit-pat-mooney-203.html

## Fußnoten 7. Kapitel

[1] „Kurier", 19. 8. 2007

[2] „Der Standard", 8./9. 9. 2007, Seite 20

[3] „Daily Telegraph", 12.8. 2008: http://www.telegraph.co.uk/earth/main.jhtml?xml=/earth/2008/08/12/eacharles112.xml

[4] ARD-Politmagazin „Report München" im März 2007: http://www.br-online.de/daserste/report/archiv/2007/00372/

[5] www.algore2000.com/agriculture/agr_agenda2.html auf http://www.organicconsumers.org/ge/presonbiotech.cfm

[6] Raggam, Faißner: „Zukunft ohne Öl", Stocker-Verlag 2008

[7] http://www.regenwald.org/regenwaldreport.php?artid=223

[8] „The Guardian", 9. 3. 2007: http://www.guardian.co.uk/international/story/0,,2029908,00.html

[9] http://www.focus.de/wissen/wissenschaft/klima/tid-6666/biokraftstoffe_aid_64512.html

[10] http://www.regenwald.org/news.php?id=766

[11] http://www.regenwald.org/news.php?id=760

## Fußnoten 8. Kapitel

[1] GID Okt. 2007, S. 52ff

[2] http://www.africancrops.net/news/sept06/agra.htm

[3] GID Okt. 2007, S. 52ff

[4] „Conventional breeding is our starting point. At the same time, AGRA will not shy away from considering the potential of biotechnology in reducing hunger and poverty and we do not preclude future support for genetic engineering as an approach to crop variety improvement when it is the most appropriate tool to address an important need of small-scale farmers and when it is consistent with government policy." Aussage auf der AGRA-Homepage http://www.agra-alliance.org/section/about/faq

[5] Report Mainz, 28. 4. 2008: http://www.swr.de/report/presse/-/id=1197424/nid=1197424/did=3456870/skip2y/index.html

[6] http://www.wfp.org/german/?NodeID=43&k=251

[7] „We have always said that Zambia will not be used as a dumping place for GMO products." http://www.scidev.net/en/news/zambia-adamant-no-gm.html

[8] sda, 23. 6. 2008 (?) http://www.baz.ch/news/rss.cfm?objectid=B5852E83-1422-0CEF-70EACD-5CB8781895, http://www.foodaktuell.ch/nachrichten.php?art=977

[9] „The Guardian", 27. 6. 2008: Martin Taylor, chairman of Syngenta, said the current industry focus on farmers in rich countries meant it would take 20 years to launch crop varieties designed to address the problems of the developing world. He told the Guardian: „GM won't solve the food crisis, at least not in the short term." http://www.guardian.co.uk/environment/2008/jun/27/gmcrops.food

[10] „(...) crisis and the fuel crisis as a springboard to push GM crops back on to the public agenda", says Professor Denis Murphy, head of biotechnology at the University of Glamorgan in

Wales. „I understand why they're doing it, but the danger is that if they're making these claims about GM crops solving the problem of drought or feeding the world, that's bullshit. That's the kind of thing that might come in the next 15 years, but (...)" http://www.spiked-online.com/index.php?/site/article/5438/

[11] Enserink, Martin, 2008. „Tough Lessons From Golden Rice", „Science" 230, p. 468–471 http://www.sciencemag.org/cgi/content/summary/320/5875/468?ck=nck

[12] „Crop failures (...) may have resulted from incorrect spraying regimes being implemented." http://www.nda.agric.za/doaDev/sideMenu/biosafety/doc/ECminutes12May2009.pdf

[13] http://www.biosafetyafrica.org.za/index.php/20091126249/Open-Letter-to-Minister-of-Agriculture-on-Monsanto-GM-Crop-Failures/menu-id-100026.html

[14] „The Committee is deeply concerned that the extreme hardship being experienced by farmers has led to an increasing incidence of suicides by farmers over the past decade. The Committee is particularly concerned that the extreme poverty among small-hold farmers caused by the lack of land, access to credit and adequate rural infrastructures, has been exacerbated by the introduction of genetically modified seeds by multinational corporations and the ensuing escalation of prices of seeds, fertilisers and pesticides, particularly in the cotton industry." http://www2.ohchr.org/english/bodies/cescr/docs/co/E.C.12.IND.CO.5.doc

## Fußnoten 9. Kapitel

[1] 1999 einigten sich EU-Minister zu einem zeitlich begrenzten Zulassungsstopp neuer Gentechnik-Pflanzen. Dieses „de-facto-Moratorium" hielt von 1998 bis Mitte 2004.

[2] „U.S. postpones biotech case against EU, enlists allies in WTO", Inside U.S. Trade, Arlington, 7. 2. 2003, zitiert von „Le Monde Diplomatique": http://mondediplo.com/2003/04/14gmo

[3] Rede von George W. Bush bei der Hauptversammlung des Biotechnologieverbandes „Bio" am 23. 6. 2003: „For the sake of a continent threatened by famine, I urge the European governments to end their opposition to biotechnology." Zitiert u. a. bei BBC: http://news.bbc.co.uk/2/hi/americas/3021494.stm

[4] Z. B. http://www.suedwind-magazin.at/z_detail.asp?ID=2935

[5] Artikel 5 des zum WTO-Recht zählenden SPS-Übereinkommens = Übereinkommen über die Anwendung sanitärer und phytosanitärer Maßnahmen. Bei der Eingrenzung des Handlungsrahmens der Mitgliedstaaten nimmt das SPS-Übereinkommen ausdrücklich Bezug auf die im Codex Alimentarius festgelegten Standards.

Andere WTO-Regeln im „Agreement to Technical Barriers to Trade" (TBT, „Übereinkommen über technische Handelsbarrieren") verbieten den Mitgliedstaaten, ihre nationalen Standards für Sicherheitstests bei Lebensmitteln anzuwenden, indem diese als „unfaire" Handelsbarrieren abgestempelt wurden!

[6] Volles Zitat: „Der Zerfall des Nationalstaates bringt den Zerfall des Gesellschaftsvertrages und die Atomisierung des Bürgers mit sich. Nicht zuletzt geht die Aufklärung zu Ende: Die republikanische Staatsform lebt ja vom souveränen Bürger, von den Grundwerten der Volkssouveränität, der Regierung durch Delegation. Wenn die Regierung keine Macht mehr hat, dann

bleibt auch der Bürger ohnmächtig dem Raubtierkapitalismus ausgeliefert." „Junge Freiheit", 9.8.2002

[7] http://www.etikkom.no/HvaGjorVi/Foredrag/Foredrag/diskurs und http://www.bion.no

[8] http://www.genok.org/

[9] 486.743 Tonnen Soja wurden 2007 importiert, davon waren 55 Tonnen GVO-haltige Futtermittel (Quellen: Bundesamt für Landwirtschaft, Schweizerische Oberzolldirektion)

[10] http://www.nzz.ch/2005/11/04/il/articledak91_1.181759.html

[11] http://www.nzz.ch/2005/11/29/il/articleDD851.html

[12] EG-Verordnung 1829/2003 und 1830/2003

[13] http://diepresse.com/home/politik/eu/453453/index.do

[14] http://www.bauernzeitung.at/?id=2500,50720

[15] http://derstandard.at/fs/1245820011866/Oesterreich-draengt-auf-Selbstbestimmung

[16] Artikel der „New York Times" vom 15.7.2009: http://www.nytimes.com/2009/07/16/business/global/16gene.html

[17] „... the American government does not share the government of Canada's assessment of the effectiveness with which the E.U. is implementing the W.T.O. panel's rulings." Nefeterius Akeli McPherson, a spokeswoman for the office of the United States Trade Representative im obigen Artikel der „New York Times": http://www.nytimes.com/2009/07/16/business/global/16gene.html

[18] Erklärung der FDA zu Gentechnisch veränderten Organismen: http://www.fda.gov/Food/GuidanceComplianceRegulatoryInformation/GuidanceDocuments/Biotechnology/ucm096095.htm

Aufgedeckte Dokumente von FDA-Wissenschaftern, die 1991/1992 vor GMO warnten: http://www.biointegrity.org/list.html

[19] http://www.bio.org/news/pressreleases/newsitem.asp?id=2001_0920_01

[20] http://www.genfoodneindanke.de/wp/2009/10/02/usa-obama-setzt-auf-monsanto/

[21] http://www.gmwatch.org/latest-listing/1-news-items/11531-more-monsanto-men-joining-obama-administration: „Michelle may have an organic garden but her husband 's given Big Ag and Monsanto the keys to the door."

[22] Gilles-Eric Séralini, Dominique Cellier, Joel Spiroux de Vendomois, 2007: „New Analysis of a Rat Feeding Study with a Genetically Modified Maize Reveals Signs of Hepatorenal Toxicity", http://www.participationinscience.eu/admin/documenti/11_MON863-AECT_2007.pdf

„With the present data it cannot be concluded that GM corn MON 863 is a safe product." Greenpeace-Aussendung: http://www.greenpeace.de/fileadmin/gpd/user_upload/themen/gentechnik/Zusammenfassung_Seralini_Rattenstudietudie.pdf

[23] „The GMO Panel does not consider that the publication by Séralini et al. (2007) raises new issues which are toxicologically relevant." http://www.efsa.europa.eu/cs/BlobServer/Statement/GMO_statement_MON863.pdf?ssbinary=true

[24] CRIIGEN-Presseaussendung, Oktober 2009: „Furthermore, to avoid calls for transparency and availability of results obtained from previous investigations addressing the health conse-

quences of eating GM crops and foods, governments, agricultural biotech seed and pesticide firms have decided to dispense altogether with animal feeding studies (...) instead they now prefer to test GM foods directly on the public!"
http://www.criigen.org/images/stories/pr-ogm2ndgeneration_1009.pdf

[25] Aufgedeckt von Christoph Thens Institut „Test Biotech", http://www.testbiotech.org/sites/default/files/PM%20EFSA%20Renckens.pdf

[26] „Das streitbare Korn – Genmais – Zwischen Wissenschaft und Ideologie", Teleskope Film

[27] http://www.axelspringer.de/artikel/Unternehmensgrundsaetze_40574.html

[28] http://www.gmwatch.org/latest-listing/1-test/334-interview-about-attacks-on-gm-watch

[29] Informationen auf der Homepage des ERT: www.ert.be

[30] „In recent years it has campaigned vigorously, for example, for a Community patent system and an end to fragmented national regulations that frustrate efforts towards entrepreneurship and innovation." http://www.ert.be/ert_milestones_and_its_chairmen.aspx

[31] „Agri-Trade Forum", Vol. 18: „Now is not the time for new protectionist measures or the vain pursuit of agricultural self-suffciency. We should instead seek opportunity in crisis and move forward boldly to break through long-standing barriers to the liberalization of agricultural trade." http://www.agritrade.org/Publications/documents/V1_2009_Agritrade_Forum.pdf

[32] http://en.dgap.org/midcom-serveattachmentguid-5fd5c1b008fe11dcb7157da7fe1e6c536c53/ipge_2_bramlschmucker.pdf

[33] „We Japanese consumers do not need genetically modified wheat. The citizens of your country and Japan have built up close ties over many years. In order to cement and maintain the friendly relationship between producers and consumers in our respective countries, we therefore strongly urge you to dismiss this application, and not allow genetically modified wheat to be cultivated or commercialised."

[34] „The greatest threat to wheat farming isn't hail or drought. It's Roundup Ready Wheat."

[35] Originaltext: http://www.wheatworld.org/wp-content/uploads/biotech-trilateral-statement-20090514.pdf

[36] Monsanto-Presseaussendung: http://www.monsanto.de/newspresse/pressemitteilungen.php

[37] „The industry groups in our three countries are promising to force this product on all of us but today we reiterate our pledge to stop them." http://cban.ca/Press/Press-Releases/Genetically-Engineered-Wheat-Rejected-Globally-Groups-Remind-Monsanto

## Fußnoten 10. Kapitel

[1] Number of Lawsuits Filed Against U.S. Farmers: „As of October 26, 2007, Monsanto had filed 112 lawsuits against farmers for alleged violations of its Technology Agreement and/or its patents on genetically engineered seeds."

[2] „Die Zeit", 22. 1. 2009, Nr. 5, S. 21

[3] http://www.clubbiotech.at/file/AgBiotech_Detail.pdf
http://www.truthabouttrade.org/
http://www.zoominfo.com/people/Horan_Bill_4903414.aspx

## Fußnoten 11. Kapitel

[1] „Der Standard", 8./9. September 2007

[2] Festgestellt wurden bei zwei von 20 Affen geschwollene Lymphknoten, die jedoch laut TeGenero nicht auf das Medikament zurückgeführt wurden.

[3] http://ucsdnews.ucsd.edu/newsrel/health/varki06.asp

[4] http://www.mhra.gov.uk/NewsCentre/Pressreleases/CON2023515

[5]http://www.biotechnologie.de/BIO/Navigation/DE/Aktuelles/wochenrueckblick,did=72226.html?view=renderPrint

[6] Hemkens LG, et al: „Risk of malignancies in patients with diabetes treated with human insulin or insulin analogues: a cohort study". http://www.springerlink.com/content/v3w757x262744345/fulltext.pdf; Pressemitteilung in deutsch: http://www.iqwig.de/insulinanalogon-glargin-steigert-moeglicherweise.879.de.html?random=83a194

[7] http://www.vfa.de/vfa-bio-de/vb-patienten/amzulassungen-gentec.html

## Fußnoten 12. Kapitel

[1] Tilling = Targeting Induced Local Lesions In Genomes, freie Übersetzung: zielgerichtete Suche nach winzigen Genveränderungen im Erbgut

[2] Artikel der „Wirtschaftswoche": http://www.wiwo.de/technik-wissen/zuchterfolge-ohne-gentechnik-413178/

[3] http://www.urzeit-code.com/index.php?id=22

[4] Mitglieder des RTRS: http://www.responsiblesoy.org/members.php

The Essence of Purification

# HAWAIIANISCHE DARMREINIGUNG

mit Desmond O 'Rafferty

PER ASPERA AD ASTRA - DURCH DIE DUNKELHEIT ZUM LICHT

# FUNDAMENT DER GESUNDHEIT

Milliarden kleiner, mehrfach gefalteter Zotten sorgen im Darm für eine riesige Oberfläche. Ausgebreitet hat der Darm eine Fläche von ca. 400 qm. Deshalb kann er weitaus mehr Stoffe entgiften als die Lunge oder die Haut. Als Folge mangelhafter Ernährung und Bewegung, unzulänglichen Kauens sowie Stress belegt sich die Innenseite des Dickdarms mit einer Schicht von Ablagerungen und Giften. Über Jahrzehnte lagern sich alte, verkrustete Kotsteine, abgestorbene Zellbestandteile, Fäulniskeime, Bakteriengifte sowie Darmpilze ab. Diese Schlackeablagerungen sondern sich zu einer schwarzen, schlangenhaut-ähnlichen, Substanz ab und verlangsamen den Nährstofftransport in unseren Organismus erheblich.

Wird die Belastung zu groß, leitet der Darm die Giftstoffe ins Körperinnere ab. Die Leber muss ihre Entgiftungsarbeit zunehmend erhöhen. Ist die Leber überlastet, und wird mit der Entgiftungsarbeit nicht mehr fertig, gelangen diese ins Blut und in alle Körpergewebe, lagern sich in Organen, Schleimhäuten, Gefäßen und in der Muskulatur ab.
*So vergiftet sich der Körper zunehmend selbst.*
*Der Grundstein für viele ernsthafte Erkrankungen ist gelegt.*

- DARMPILZBEFALL
- VERSTOPFUNG - DURCHFALL
- ALLERGIEN
- MIGRÄNE
- DEPRESSION
- VERFRÜHTER ALTERUNGSPROZESS

# HAWAIIANISCHE KAHUNA
# DIE SANFTESTE ART DER DARMREINIGUNG

Diese Art der Darmreinigung ist eine traditionelle aus Hawaii stammende Methode. Sie wurde von den Frauen des Kahuna Volksstamms durchgeführt und ist in dieser Form in Europa einzigartig.

Hauptbestandteil der Kahuna-Darmreinigung ist eine puderige Kräutermischung, die mit Wasser und etwas Obstsaft vermischt und sofort getrunken wird. Die Mixtur quillt auf und legt sich als gallertartige Masse über den gesamten Darm aus. In jede Zotte, Darmfalte und Vertiefung. Während der nächsten 24 Stunden bindet diese Masse alle Reste von Eiweißprodukten, Gluten, Essensresten, Giften und sonstigen Ablagerungen die sich fest in den Darmwänden über Jahrzehnte hinweg angelagert haben. Am nächsten Tag wird die gesamte Masse in einem Stück ausgeschieden. Was dann zu sehen ist, ist ein exakter „Gipsabdruck" ihres Darms! **Wohlgemerkt, es handelt sich hier nicht um herkömmliche Exkremente - sondern um harte, verkrustete Darmablagerungen, die sich während der Jahre im Darm angesammelt und so seine Funktion mit der Zeit immer mehr beeinträchtigt haben.** Dieser Vorgang wird über mehrere Tage wiederholt, bis der Darm Schicht für Schicht vollständig gereinigt ist.

Obwohl während dieser Zeit nichts gegessen wird, verspürt der Körper kein Hungergefühl, denn die Kräutermasse füllt den Magen ohne ihm ein Völlegefühl zu geben. Sie können entspannt zusehen, wie ihr Darm Tag für Tag alte Schlacken und Ablagerungen verliert, ohne die üblichen Nebenbelastungen einer Entgiftungs- oder Fastenkur. Diese Methode der Darmreinigung ist äußerst sanft für den Körper. Da aggressive Maßnahmen den ohnehin schon geschwächten Darm noch zusätzlich schädigen können, sollte auf jeden Fall die sanfteste Methode gewählt werden. Sie sollte jedoch nicht ohne fachkundige Anleitung und Betreuung durchgeführt werden.

# SIEBEN TAGE
# REINIGUNG UND REGENERATION

Darmreinigung ist ein körperlicher Entgiftungs- und Regenerationsprozess und zieht unweigerlich die Auseinandersetzung mit unseren Emotionen nach sich. Körper und Seele sind untrennbar miteinander verbunden. Wir besinnen uns und nehmen plötzlich Gefühle wahr, die wir im Alltag nicht verspürten oder spüren wollten. Eine der vielen Bedeutungen des Wortes „Kahuna" ist „Geheimnis" oder „Verborgen". Während ihres Aufenthaltes, entdecken Sie nicht nur Ihre körperlichen sondern auch ihre geistigen Geheimnisse. **Der Entschluss zu einer Darmsanierung, ist auch immer ein Entschluss seinen eigenen Lebensweg zu überdenken und unter Umständen neu auszurichten.** Mit der Teilnahme an gemeinsamen Yogaübungen, Meditationen, kurzen Spaziergängen, Gesprächen, Singen und Tanzen können Sie ihren körperlichen und geistigen Reinigungsprozess unterstützen. Entsprechend ihrem Bedürfnis bestimmen Sie selbst wie weit sie diese Erfahrung zulassen möchten. Diese emotional unterstützenden Übungen können als optionales Extra gesehen werden.

Die Darmreinigungswoche beginnt mit der Entleerung des Darms nach der klassischen indischen Methode. Sie trinken warmes Salzwasser, gefolgt von klarem Wasser und reinigen so ihren Darm von Essensresten. Hier hört die herkömmliche Form der Darmreinigung auf. Genau an diesem Punkt setzt die Hawaiianische Kahuna an.

Im Anschluss wird das Kräuterpulver, ebenfalls mit Wasser und etwas Obstsaft angerührt und zügig getrunken. Diese Mixtur quillt auf und füllt als gallertartige Masse den gesamten Darm aus und bindet während der nächsten 24 Stunden alle Ablagerungen die sich über Jahrzehnte im Darm abgelagert haben. Am nächsten Morgen wird die gesamte Masse, wie eine zweite Haut, in einem Stück ausgeschieden. Dieser Vorgang wird jeden Morgen, sechs Tage lang, wiederholt. Sie können entspannt zusehen, wie ihr Darm Tag für Tag alte Schlacken und Ablagerungen verliert.

Es ist ein völlig schmerzloser, einfacher Prozess ohne unangenehme Einläufe und Klistiere. **Im Laufe des Reinigungsprozesses werden alle Rückstände vollständig ausgeschieden. Sie erhalten auf diese Art einen neugeborenen, jungfräulichen Darm zurück. Durch die Erneuerung des Verdauungstraktes ist die Basis für die Gesundung des gesamten Organismus und die gesunde Ernährung gelegt.**

Am letzten Tag genießen Sie ein kulinarisches, vegetarisches Vollwertmenü.

## WIRKUNGEN DER KAHUNA DARMREINIGUNG

Aussagen wie „Emotionen und Gedanken werden friedvoller und ruhiger" sind das Erste Feedback unserer Kursbesucher. Sie fühlen sich sofort energetisch. Eine starke sensitive Wahrnehmung, körperliche, reinliche Empfindung und ein Nachlassen von verschiedensten Schmerzen und körperlichen Syndromen wird wahrgenommen. Die Haare, die Haut und die Augen werden klarer und vitaler. Es gibt auch einen erfreulichen Nebeneffekt: Sie verlieren überflüssige Fettablagerungen. Dieses Programm ist weit mehr als es auf den ersten Blick erscheint. **Die Magie dieser Reinigung liegt in ihrer Ganzheit, Harmonie, Einfachheit und Effizienz.**

## DESMOND O'RAFFERTY

Desmond verfügt mit seinen 74 Jahren über eine große Erfahrung beim Fasten. Er lebte viele Jahre lang jeweils über mehrere Monate mit Yoga-Meistern in den Himalayas. Mit einem Zen-Meister aus Kyoto lebte er zwei Jahre zusammen. In Hawaii erlernte Desmond von der Kahuna-Frau Aunty Margaret Mashadow die Kunst der Entgiftung und Darmreinigung.

# WIE DER BAUCH DEN KOPF BESTIMMT[1]

Werden Menschen gefragt, wo Freude und Kummer, Gefühl und Intuition angesiedelt sind, zeigen sie - gleich welcher Herkunft und Hautfarbe - auf die Mitte des Körpers. Wissenschaftler konnten nun Nachweisen, dass unsere Emotionen wirklich im Dickdarm ihre Ursache haben und erst in zweiter Linie vom Kopf gesteuert werden. Man spricht sogar schon von einem dritten Nervensystem. Dieses „Enterische Nervensystem" sendet viel mehr Signale zum Gehirn, als es von dort empfängt. Es kann erkranken und eigene Neurosen entwickeln. Es fühlt, denkt mit und erinnert sich - und es lässt uns intuitiv „aus dem Bauch heraus" entscheiden.

Der Dickdarm ist eine riesige Chemiefabrik, die mindestens 40 Nervenbotenstoffe produziert und exakt reguliert. 100 Millionen Nervenzellen umhüllen den Verdauungstrakt - mehr als im Rückenmark vorhanden sind. Dieses „zweite Gehirn", so haben Neurowissenschaftler herausgefunden, ist quasi ein Abbild des Kopfhirns - Zelltypen, Wirkstoffe und Rezeptoren sind exakt gleich.

Die größte Ansammlung von Nervenzellen außerhalb des Kopfes erledigt noch mehr, als die an sich schon hochkomplexe Verdauungsarbeit Das zweite Gehirn in unserem Bauch ist ein Überlebensgarant für Leib und Seele. Es ist eine Quelle für psychoaktive Substanzen, die mit Gemütslagen in Verbindung stehen - etwa Dopamin, Opiate und Serotonin, die starken Einfluss auf unser Kopfhirn und auf unsere Psyche haben. Beispielsweise werden 95% des Serotonins im Darm synthetisiert und gelagert. Der Bauch nährt das Gehirn im Schädel also auf vielerlei Weise. **Im Laufe eines 75 – jährigen Lebens wandern mehr als 30 Tonnen Nahrung und 50 000 Liter Flüssigkeit durch das Gedärm.** *„Das Herz ist dagegen eine primitive Pumpe"*, erklärt Michael Gershon (Amerikanischer Neurowissenschaftler und Chef des Department für Anatomie und Zellbiologie der Columbia University in New York).

(1, GEO Explorer, Heft 11/November 2000, Das „zweite Gehirn" Wie der Bauch den Kopf bestimmt, Wissenschaftler auf der Spur von Gefühl und Intuition)

# DER „GIPSABDRUCK“ DES DARMS

Das Foto zeigt einen „Gipsabdruck“ des Darms am dritten Tag der Darmreinigung. Es handelt sich hier nicht um herkömmliche Exkremente - sondern um harte, verkrustete Darmablagerungen, die sich während der Jahre im Darm angesammelt und so seine Funktion mit der Zeit immer mehr beeinträchtigt haben.

Desmond O'Rafferty

# Hawaiianische Kahuna

## Die sanfteste Art der Darmreinigung

**Termine:**

**04. März bis 10. März 2010**
**26. März bis 01. April 2010**
**12. April bis 18. April 2010**
**26. April bis 02. Mai 2010**
**10. Mai bis 16. Mai 2010**

**Ort:** **Dorfhotel Schönleitn am Faakersee**
**Dorfstraße 26**
**A9582 Oberaichwald/Latschach**

**Anmeldung:** **Seminarabteilung Dorfhotel**
**Tel: +43/4254-2384 DW 457**
**seminar@dorfhotel.com ( Betreff: Kahuna )**

***Mit der Zimmerreservierung ist der Seminarplatz gesichert***

**Preis:** € 770.- pro Person, beinhaltet alle Getränke, Essen, Yoga, Atemtechniken, Vorträge, Filme, Ernährungs- und ganzheitliche Lebensberatung
Appartements als EZ €56.-, als DZ €41,- pro Person u. Nacht, exkl. Kurtaxe, inkl. Sauna, Fitnessstudio,..

**Information:**

**Email: cleanse@gmx.at**
**Tel. & Fax: +43/316/583008**
**Mobil: +43/699/12847789**

**Mitzubringen:** bequeme Freizeitkleidung, warme Socken, Hausschuhe, gutes Schuhwerk, wetterfeste u. der Jahreszeit entsprechende Freizeitkleidung, Wärmflasche, Badesachen. Bitte am Anreisetag nur noch leichte Kost zu sich nehmen. Bringen Sie für den letzten Tag ein Reiseproviantgeschirr mit.
**Seminarbeginn ist 18 Uhr**